上海市工程建设规范

绿色建筑评价标准

Assessment standard for green building

DG/TJ 08—2090—2024
J 17896—2024

主编单位：上海市建筑科学研究院有限公司
　　　　　上海市建筑建材业市场管理总站
批准部门：上海市住房和城乡建设管理委员会
施行日期：2025 年 6 月 1 日

同济大学出版社

2025　上海

图书在版编目(CIP)数据

绿色建筑评价标准/上海市建筑科学研究院有限公司，上海市建筑建材业市场管理总站主编. --上海：同济大学出版社，2025.4. -- ISBN 978-7-5765-1567-1

Ⅰ. TU201.5-34

中国国家版本馆 CIP 数据核字第 202589HN04 号

绿色建筑评价标准

上海市建筑科学研究院有限公司
上海市建筑建材业市场管理总站 **主编**

责任编辑 朱　勇
责任校对 徐逢乔
封面设计 陈益平

出版发行 同济大学出版社 www.tongjipress.com.cn
（地址：上海市四平路 1239 号 邮编：200092 电话：021－65985622）
经　　销 全国各地新华书店
印　　刷 常熟市华顺印刷有限公司
开　　本 889mm×1194mm 1/32
印　　张 6.25
字　　数 157 000
版　　次 2025 年 4 月第 1 版
印　　次 2025 年 4 月第 1 次印刷
书　　号 ISBN 978-7-5765-1567-1
定　　价 60.00 元

上海市住房和城乡建设管理委员会文件

沪建标定〔2024〕588 号

上海市住房和城乡建设管理委员会关于批准《绿色建筑评价标准》为上海市工程建设规范的通知

各有关单位：

由上海市建筑科学研究院有限公司、上海市建筑建材业市场管理总站主编的《绿色建筑评价标准》，经我委审核，现批准为上海市工程建设规范，统一编号为 DG/TJ 08—2090—2024，自 2025 年 6 月 1 日起实施。原《绿色建筑评价标准》（DG/TJ 08—2090—2020）同时废止。

本标准由上海市住房和城乡建设管理委员会负责管理，上海市建筑科学研究院有限公司负责解释。

特此通知。

上海市住房和城乡建设管理委员会

2024 年 11 月 19 日

前　言

根据上海市住房和城乡建设管理委员会《关于印发〈2023年上海市工程建设规范编制计划〉》(沪建标定〔2023〕6号)的要求,由上海市建筑科学研究院有限公司、上海市建筑建材业市场管理总站会同相关单位,经广泛调查研究,认真总结近年来上海市绿色建筑实践经验和研究成果,参考有关国内外标准,并在广泛征求意见的基础上,制定本标准。

本标准共分9章,主要内容有:总则;术语;基本规定;安全耐久;健康舒适;生活便利;资源节约;环境宜居;提高与创新。

本次修订的主要技术内容是:①与现行强制性工程建设规范和上海市相关标准相协调;②强化绿色建筑的碳减排要求;③结合上海近几年的行业发展情况,对建筑碳排放、绿色建材等技术指标进行了升级,优化评价方法可操作性。

各单位及相关人员在执行本标准过程中,如有意见和建议,请反馈至上海市住房和城乡建设管理委员会(地址:上海市大沽路100号;邮编:200003;E-mail:shjsbzgl@163.com),上海市建筑科学研究院有限公司(地址:上海市宛平南路75号;邮编:200032;E-mail:rd@sribs.com.cn),上海市建筑建材业市场管理总站(地址:上海市小木桥路683号;邮编:200032;E-mail:shgcbz@163.com),以供今后修订时参考。

主编单位:上海市建筑科学研究院有限公司
上海市建筑建材业市场管理总站

参编单位:上海市绿色建筑协会
华东建筑设计研究院有限公司
同济大学建筑设计研究院(集团)有限公司

上海建科检验有限公司
上海建工集团股份有限公司
中建研科技股份有限公司上海分公司
建学建筑与工程设计所有限公司
上海城建物资有限公司
上海城投置地(集团)有限公司
中国电力工程顾问集团华东电力设计院有限公司
上海云锦智慧建设科技有限公司
瑞安管理(上海)有限公司

主要起草人:杨建荣 张旻皓 韩继红 钱智勇 张 俊 廖 琳 马伟骏 汪 铮 张 颖 安 宇 张伯仑 高月霞 王 珏 贾 珍 何 易 高海军 方 舟 李 芳 季 亮 华天宇 马晓琼 王 峰 李 坤 李芳艳 范宏武 景小峰 孙丹丹 李 晓 谢 斌 张 辰 倪 超 顾树翔 林 姗 陈 锋 陈宇华 高 怡

主要审查人:徐 强 寿炜炜 林丽智 徐 凤 古小英 叶谋杰 曹毅然

上海市建筑建材业市场管理总站

目　次

Contents

1 总 则

1.0.1 为贯彻落实绿色发展理念，推进本市绿色建筑高质量发展，节约资源，保护环境，满足人民日益增长的美好生活需要，制定本标准。

1.0.2 本标准适用于本市民用建筑绿色性能的评价。

1.0.3 绿色建筑评价应遵循因地制宜的原则，结合建筑所在地域的气候、环境、资源、经济和文化等特点，对建筑全寿命期内的安全耐久、健康舒适、生活便利、资源节约、环境宜居等性能进行综合评价。

1.0.4 绿色建筑应结合地形地貌进行场地设计与建筑布局，且建筑布局应与场地的气候条件和地理环境相适应，并对场地的风环境、光环境、热环境、声环境等加以合理组织和利用。

1.0.5 绿色建筑的评价除应符合本标准的规定外，尚应符合国家、行业和本市现行有关标准的规定。

2 术 语

2.0.1 绿色建筑 green building

在全寿命期内，节约资源、保护环境、减少污染，为人们提供健康、适用、高效的使用空间，最大限度地实现人与自然和谐共生的高质量建筑。

2.0.2 绿色性能 green performance

涉及建筑安全耐久、健康舒适、生活便利、资源节约（节地、节能、节水、节材）和环境宜居等方面的综合性能。

2.0.3 全装修 decorated

在交付前，住宅建筑内部墙面、顶面、地面全部铺贴、粉刷完成，门窗、固定家具、设备管线、开关插座及厨房、卫生间固定设施安装到位；公共建筑公共区域的固定面全部铺贴、粉刷完成，水、暖、电、通风等基本设备全部安装到位。

2.0.4 热岛强度 heat island intensity

城市内一个区域的气温与郊区气温的差别，用二者代表性测点气温的差值表示，是城市热岛效应的表征参数。

2.0.5 利废建材 waste reutilized building material

在满足安全和使用性能的前提下，使用废弃物等作为原材料生产出的建筑材料。

2.0.6 绿色建材 green building material

在全寿命期内可减少对资源的消耗、减轻对生态环境的影响，具有节能、减排、安全、健康、便利和可循环特征的建材产品。

3 基本规定

3.1 一般规定

3.1.1 绿色建筑评价应以单栋建筑或建筑群为评价对象。评价单栋建筑时，凡涉及系统性、整体性的指标，应基于建筑所属工程项目的总体进行评价。

3.1.2 绿色建筑评价应在建筑工程竣工后进行，绿色建筑预评价应在建筑工程施工图设计完成后进行。

3.1.3 申请评价方应对参评建筑进行全寿命期技术和经济分析，选用适宜技术、设备和材料，对规划、设计、施工、运行阶段进行全过程控制，并应在评价时提交相应的分析、测试报告和相关文件。申请评价方应对所提交资料的真实性和完整性负责。

3.1.4 绿色建筑评价时应根据不同阶段的评价要求，对申请评价方提交的相关资料文件进行审查和必要的现场核查，出具评价报告，确定等级。

3.1.5 申请绿色金融服务的建筑项目，应对节能措施、节水措施、建筑能耗和碳排放等进行计算和说明，并应形成专项报告。

3.1.6 绿色建筑应在施工图设计阶段提供绿色建筑设计专篇，在交付时应提供绿色建筑使用说明书。

3.2 评价与等级划分

3.2.1 绿色建筑评价指标体系由安全耐久、健康舒适、生活便利、资源节约、环境宜居 5 类指标组成，每类指标均包括控制项和评分项。评价指标体系在本标准第 9 章“提高与创新”中统一设置加分项。

3.2.2 控制项的评定结果为达标或不达标；评分项和加分项的评定结果为得分分值。

3.2.3 对于多功能的综合性单体建筑，应按本标准全部评价条文逐条对适用的区域进行评价，确定各评价条文的得分。

3.2.4 绿色建筑评价分值应符合表 3.2.4 的规定。

表 3.2.4 绿色建筑评价分值

	控制项基础分值	评分项满分值					加分项满分值
		安全耐久	健康舒适	生活便利	资源节约	环境宜居	
预评价	400	100	100	70	200	100	100
评价	400	100	100	100	200	100	100

注：预评价时，本标准第 6.2.9～6.2.15 条、第 9.2.11 条不得分。

3.2.5 绿色建筑评价的总得分应按下式进行计算：

$$Q=(Q_0+Q_1+Q_2+Q_3+Q_4+Q_5+Q_A)/10 \quad (3.2.5)$$

式中：Q——总得分；

Q_0——控制项基础分值，当满足所有控制项的要求时取 400 分；

$Q_1 \sim Q_5$——分别为评价指标体系 5 类指标（安全耐久、健康舒适、生活便利、资源节约、环境宜居）的评分项得分；

Q_A——提高与创新加分项得分。

3.2.6 绿色建筑等级按由低至高划分为基本级、一星级、二星级、三星级 4 个等级。

3.2.7 当满足全部控制项要求时，绿色建筑等级为基本级。

3.2.8 绿色建筑星级等级应按下列要求确定：

1 一星级、二星级、三星级 3 个等级的绿色建筑均应满足本标准全部控制项的要求，且各类指标的评分项得分不应小于其评分项满分值的 30%。

2 一星级、二星级、三星级 3 个等级的绿色建筑均应进行全装修，全装修工程质量、选用材料及产品质量应符合本市现行有关标准要求。

3 当总得分分别达到60分、70分、85分且应满足表3.2.8的要求时，绿色建筑等级分别为一星级、二星级、三星级。

表3.2.8 一星级、二星级、三星级绿色建筑的技术要求

	一星级	二星级	三星级
围护结构热工性能的提高比例，或建筑供暖空调负荷降低比例	—	围护结构提高5%，或负荷降低3%	围护结构提高10%，或负荷降低5%
住宅建筑隔声性能	—	卧室分户墙和卧室分户楼板两侧房间之间的空气声隔声性能（计权标准化声压级差与交通噪声频谱修正量之和 $D_{nT,w}+C_{tr}$）$\geqslant$ 47 dB，卧室分户楼板的撞击声隔声性能（计权标准化撞击声压级 $L'_{nT,w}$）$\leqslant$ 60 dB	卧室分户墙和卧室分户楼板两侧房间之间的空气声隔声性能（计权标准化声压级差与交通噪声频谱修正量之和 $D_{nT,w}+C_{tr}$）$\geqslant$ 50 dB，卧室分户楼板的撞击声隔声性能（计权标准化撞击声压级 $L'_{nT,w}$）$\leqslant$ 55 dB
室内主要空气污染物浓度降低比例	10%	20%	
绿色建材应用比例	10%	20%	30%
碳减排	明确全寿命期建筑碳排放强度，并明确降低碳排放强度的技术措施		
外窗气密性能	符合上海市现行相关节能设计标准的规定，且外窗洞口与外窗本体的结合部位应严密		

注：1 围护结构热工性能的提高基准和供暖空调负荷降低基准均为现行国家标准《建筑节能与可再生能源利用通用规范》GB 55015的要求。

2 室内氨、总挥发性有机物、$PM_{2.5}$等室内空气污染物，其浓度降低基准为现行国家标准《室内空气质量标准》GB/T 18883的有关要求。

4 安全耐久

4.1 控制项

4.1.1 场地应避开地质危险地段，易发生洪涝地区应有可靠的防洪涝基础设施。场地应无危险化学品、易燃易爆危险源的威胁，应无电磁辐射危害。

4.1.2 建筑结构应满足承载力和建筑使用功能要求。

4.1.3 建筑外墙、屋面、门窗、幕墙及外保温等围护结构以及外遮阳、太阳能设施、空调室外机位、墙面绿化等外部设施应满足安全、耐久和防护的要求，外部设施应与建筑主体结构统一设计、施工，并应具备安装、检修与维护条件。

4.1.4 建筑内部的非结构构件、设备及附属设施等应连接牢固并能适应主体结构变形。

4.1.5 外门窗、幕墙的抗风压性能、水密性能应符合国家及本市现行有关标准的规定。

4.1.6 卫生间、浴室的地面应设置防水层，墙面、顶棚应设置防潮层。

4.1.7 走廊、疏散通道等通行空间应满足紧急疏散、应急救护等要求，且应保持畅通。

4.1.8 建筑应具有安全防护的警示和引导标识系统。

4.1.9 室外明露等区域和公共部位有可能冰冻的给水、消防管道应有防冻措施。

4.2 评分项

Ⅰ 安 全

4.2.1 采用基于性能的抗震设计并合理提高建筑的抗震性能，评价分值为10分。

4.2.2 采取保障人员安全的防护措施，评价总分值为15分，按下列规则分别评分并累计：

1 采取措施提高阳台、外窗、窗台、防护栏杆、维护保养设施等安全防护水平，得5分。

2 建筑物出入口均设防止外墙饰面、门窗玻璃意外脱落的防护措施，并与人员通行区域的遮阳、遮风或挡雨措施结合，得5分。

3 利用场地或景观形成可降低坠物伤人风险的缓冲区、隔离带，得5分。

4.2.3 采用具有安全防护功能的产品或配件，评价总分值为10分，按下列规则分别评分并累计：

1 采用具有安全防护功能的玻璃，得5分。

2 采用具备防夹功能的门窗，得5分。

4.2.4 室内外地面或路面设置防滑措施，评价总分值为7分，按下列规则分别评分并累计：

1 建筑出入口及平台、公共走廊、电梯门厅、厨房、浴室、卫生间等设置防滑措施，防滑等级不低于现行行业标准《建筑地面工程防滑技术规程》JGJ/T 331规定的B级，得2分。

2 建筑室内外活动场所采用防滑地面，防滑等级达到现行行业标准《建筑地面工程防滑技术规程》JGJ/T 331规定的A级，得3分。

3 建筑坡道、楼梯踏步防滑等级达到现行行业标准《建筑地面工程防滑技术规程》JGJ/T 331规定的A级或按水平地面等级提高 1 级，并采用防滑条等防滑构造措施，得 2 分。

4.2.5 采取人车分流措施，且步行和非机动车交通系统有充足照明，评价总分值为 8 分，按下列规则分别评分并累计：

1 采用人车分流措施，得 5 分。

2 步行和非机动车交通道路有充足照明，得 3 分。

Ⅱ 耐 久

4.2.6 采取提升建筑适变性的措施，评价总分值为 15 分，按下列规则分别评分并累计：

1 采取通用开放、灵活可变的使用空间设计，或可变换功能空间采用可重复使用的隔断(墙)比例大于 50%，得 6 分。

2 当墙面全部实现管线分离时，得 4 分；当顶面全部实现管线分离时，得 2 分；当地面全部实现管线分离时，得 2 分；当墙面、顶面、地面中的 2 项或 3 项全部实现管线分离时，按以上单项得分叠加得分，最高得 6 分。

3 采用与建筑功能和空间变化相适应的设备设施布置方式或控制方式，得 3 分。

4.2.7 采取提升建筑部品部件耐久性的措施，评价总分值为 13 分，按下列规则分别评分并累计：

1 选用耐腐蚀、抗老化、耐久性能好的管材、管线、管件，得 8 分。

2 选用长寿命的活动配件，并考虑部品组合的同寿命性；不同使用寿命的部品组合时，采用便于拆换、更新和升级的构造，得 5 分。

4.2.8 提高建筑结构材料的耐久性，评价总分值为 10 分，按下列规则评分：

1 按 100 年进行耐久性设计，得 10 分。

2 采用耐久性好的建筑结构材料，满足下列条件之一，得 10 分：

1）对于混凝土构件，提高钢筋保护层厚度或采用高耐久性混凝土。

2）对于钢构件，采用耐候结构钢或耐候型防腐涂料。

3）对于木构件，采用防腐木材、耐久木材或耐久木制品。

4.2.9 合理采用耐久性好、易维护的装饰装修建筑材料，评价总分值为12分，按下列规则分别评分并累计：

1 采用耐久性好的外饰面材料或合理采用清水混凝土，得4分。

2 采用耐久性好的防水和密封材料，得4分。

3 采用耐久性好、易维护的室内装饰装修材料，得4分。

5 健康舒适

5.1 控制项

5.1.1 室内空气中的氨、甲醛、苯系物、总挥发性有机物、氡等污染物浓度应符合国家现行标准的有关规定。建筑室内和建筑主出入口处应在醒目位置设置禁烟标志。

5.1.2 应采取措施避免厨房、餐厅、打印复印室、卫生间、地下车库等区域的空气和污染物串通到其他空间；应防止厨房、卫生间的排气倒灌。

5.1.3 给水排水系统的设置应符合下列规定：

1 生活饮用水水质应符合现行国家标准《生活饮用水卫生标准》GB 5749 的要求。

2 直饮水、集中生活热水、游泳池水、供暖空调系统用水、景观水体、非传统水源的水质应符合国家现行相关标准的要求。

3 应制定水池、水箱等储水设施定期清洗消毒计划并实施，且生活饮用水储水设施每半年清洗消毒不应少于 1 次。

4 应使用构造内自带水封的便器且水封深度不应小于 50 mm。

5 非传统水源管道和设备应设置明确、清晰的永久性标识。

5.1.4 建筑声环境设计应符合下列规定：

1 场地规划布局和建筑平面设计时应合理规划噪声源区域和噪声敏感区域，并应进行识别和标注。

2 外墙、隔墙、楼板和门窗等主要建筑构件的隔声性能指标不应低于现行国家标准《民用建筑隔声设计规范》GB 50118 的规定，并应根据隔声性能指标明确主要建筑构件的构造做法。

5.1.5 建筑照明应符合下列规定：

1 各场所的照度、照度均匀度、显色指数、统一眩光值应符合现行国家标准《建筑照明设计标准》GB/T 50034 的规定。

2 人员长期停留的房间或场所采用的照明光源和灯具，其频闪效应可视度（*SVM*）不应大于 1.3；儿童及青少年长时间学习或活动的场所采用的照明光源和灯具，其频闪效应可视度（*SVM*）不应大于 1.0。

5.1.6 应采取措施保障室内热环境：

1 采用集中供暖空调系统的建筑，房间内的温度、湿度、新风量等设计参数应符合现行国家标准《民用建筑供暖通风与空气调节设计规范》GB 50736 的有关规定。

2 采用非集中供暖空调系统的建筑，应具有保障室内热环境的措施或预留条件。

5.1.7 围护结构热工性能应符合下列规定：

1 在室内设计温度、湿度条件下，建筑非透光围护结构内表面不得结露。

2 屋顶和外墙隔热性能应符合现行国家标准《民用建筑热工设计规范》GB 50176 的要求。

5.1.8 主要功能房间应设置现场独立控制的热环境调节装置。

5.1.9 地下车库应设置与排风设备联动的一氧化碳浓度监测装置。

5.2 评分项

Ⅰ 室内空气品质

5.2.1 控制室内主要空气污染物的浓度，评价总分值为 12 分，按下列规则分别评分并累计：

1 氨、甲醛、苯系物、总挥发性有机物、氡等污染物浓度比现行国家标准《室内空气质量标准》GB/T 18883 规定限值降低

10%，得3分；降低20%，得6分。

2 室内$PM_{2.5}$年均浓度不高于25 $\mu g/m^3$，且室内PM_{10}年均浓度不高于50 $\mu g/m^3$，得6分。

5.2.2 选用的装饰装修材料满足国家现行绿色产品评价标准中对有害物质限量的要求，评价总分值为8分，按下列规则评分：

1 选用满足要求的装饰装修材料达到3类及以上，得5分。

2 选用满足要求的装饰装修材料达到5类及以上，得8分。

Ⅱ 水 质

5.2.3 生活饮用水供水设施采取措施满足卫生要求，评价总分值为12分，按下列规则分别评分并累计：

1 水池或水箱使用符合国家现行有关标准要求的不锈钢成品水箱，得6分。

2 加压泵过流组件采用不锈钢材质，室内给水管道使用不锈钢管或铜管，并采用相应材质的阀门，得6分。

5.2.4 二次供水水池、水箱采取保证储水不变质的措施，评价分值为5分。

5.2.5 所有给水排水管道、设备、设施设置明确、清晰的永久性标识，评分值为6分。

Ⅲ 声环境与光环境

5.2.6 采取措施优化主要功能房间的室内声环境，评价总分值为8分，按下列规则分别评分并累计：

1 建筑物外部噪声源传播至主要功能房间的噪声比现行国家标准《建筑环境通用规范》GB 55016限值低3 dB及以上，得4分。

2 建筑物内部建筑设备传播至主要功能房间的噪声比现行国家标准《建筑环境通用规范》GB 55016限值低3 dB及以上，得4分。

5.2.7 主要功能房间的隔声性能良好，评价总分值为 12 分，按表 5.2.7 的规则分别评分并累计。

表 5.2.7 主要功能房间隔声性能评分规则

<table>
<tr><th>建筑类别</th><th colspan="2">构件或房间名称</th><th>评价指标</th><th>得分</th></tr>
<tr><td rowspan="5">住宅建筑</td><td colspan="2">卧室含窗外墙</td><td>计权标准化声压级差与交通噪声频谱修正量之和 $D_{2m,nT,w}+C_{tr}\geqslant 35$ dB</td><td>2</td></tr>
<tr><td rowspan="2">相邻两户房间之间空气声隔声</td><td>隔墙两侧房间之间</td><td rowspan="2">计权标准化声压级差与交通噪声频谱修正量之和 $D_{nT,w}+C_{tr}\geqslant$ 50 dB（卧室与邻户房间之间）且计权标准化声压级差与粉红噪声频谱修正量之和 $D_{nT,w}+C\geqslant 50$ dB（其他相邻两户房间之间）</td><td>2</td></tr>
<tr><td>楼板上下房间之间</td><td>2</td></tr>
<tr><td colspan="2">住宅和非居住用途空间的楼板空气声隔声</td><td>计权标准化声压级差与交通噪声频谱修正量之和 $D_{nT,w}+C_{tr}\geqslant$ 51 dB</td><td>2</td></tr>
<tr><td colspan="2">卧室和起居室楼板撞击声隔声</td><td>计权标准化撞击声压级 $L'_{nT,w}\leqslant$ 60 dB(55 dB)</td><td>2(4)</td></tr>
<tr><td rowspan="4">公共建筑</td><td colspan="2">外围护结构</td><td>计权标准化声压级差与交通噪声频谱修正量之和 $D_{2m,nT,w}+C_{tr}\geqslant 30$ dB</td><td>4</td></tr>
<tr><td rowspan="2">房间之间空气声隔声</td><td>隔墙两侧房间之间</td><td rowspan="2">比国家民用建筑隔声设计标准规定限值高 3 dB 及以上</td><td>2</td></tr>
<tr><td>楼板两侧房间之间</td><td>2</td></tr>
<tr><td colspan="2">楼板撞击声隔声</td><td>比国家民用建筑隔声设计标准规定限值低 5 dB(10 dB)及以上</td><td>2(4)</td></tr>
</table>

5.2.8 充分利用天然光，评价总分值为 12 分，按下列规则评分：

1 住宅建筑的起居室和卧室的窗地比达到 1/6，得 6 分；达到 1/5，得 12 分。

2 公共建筑按下列规则分别评分并累计：

1）内区采光系数满足采光要求的面积比例达到60%，得4分。

2）地下空间采光系数不小于0.5%的面积与地下室首层面积的比例达到5%，得1分；达到10%，得2分。

3）室内主要功能空间天然采光达到现行国家标准《建筑采光设计标准》GB 50033的规定要求，达标面积比例达到60%，得2分；达到70%，得3分；达到80%，得4分。

4）主要功能房间有眩光控制措施，得2分。

Ⅳ 室内热湿环境

5.2.9 具有良好的室内热湿环境，评价总分值为8分，按下列规则评分：

1 建筑主要功能房间过渡季节室内热环境参数在适应性热舒适区域的时间比例，达到30%，得2分；每再增加10%，再得1分，最高得8分。

2 建筑主要功能房间供暖、空调工况下室内热环境参数达到现行国家标准《民用建筑室内热湿环境评价标准》GB/T 50785规定的室内人工冷热源热湿环境整体评价Ⅱ级的面积比例，达到60%，得5分；每再增加10%，再得1分，最高得8分。

3 当建筑主要功能房间部分时段采用自然通风或复合通风，部分时段采用供暖、空调时，按照第1款、第2款分别评分后再按各工况运行时间加权平均计算作为本条得分。

5.2.10 合理优化空间和平面布局，促进过渡季节自然通风，评价总分值为8分，按下列规则评分：

1 住宅建筑：自然通风的开口面积与房间地板面积的比例达到8%，得4分；达到8%且具有良好通风路径，得8分。

2 公共建筑：过渡季典型工况下主要功能房间平均自然通风换气次数不小于2次/h的面积比例达到70%，得5分；每再增加 10%，再得 1 分，最高得 8 分。

5.2.11 设置可调节遮阳设施，改善室内热环境，评价总分值为 9 分，根据可调节遮阳设施的面积占透光围护结构的比例按表 5.2.11 的规则评分。

表 5.2.11 可调节遮阳设施的面积占透光围护结构比例评分规则

可调节遮阳设施的面积占透光围护结构比例 S_z	得分
$25\% \leqslant S_z < 35\%$	3
$35\% \leqslant S_z < 45\%$	5
$45\% \leqslant S_z < 55\%$	7
$S_z \geqslant 55\%$	9

6 生活便利

6.1 控制项

6.1.1 建筑及场地设计应满足无障碍要求。

6.1.2 场地人行出入口 500 m 内应设有公共交通站点或配备连接公共交通站点的专用接驳车。

6.1.3 机动车停车场所的电动汽车停车位及充电设施、无障碍汽车停车位应满足本市相关规划配建要求及相关标准的规定。

6.1.4 非机动车停车场所应位置合理、方便出入。

6.1.5 建筑应合理设置设备自动监控系统。

6.2 评分项

Ⅰ 出行与服务

6.2.1 场地与公共交通站点连接便捷，评价总分值为 8 分，按下列规则分别评分并累计：

1 场地出入口到达公共汽车站点的步行距离不超过 300 m，或到达轨道交通站的步行距离不大于 500 m，得 4 分。

2 场地出入口步行距离 500 m 范围内设有不少于 2 条线路的公共交通站点，得 4 分。

6.2.2 建筑室内公共区域满足全龄化设计要求，评价总分值为 8 分，按下列规则分别评分并累计：

1 建筑室内公共区域的墙、柱等处的阳角均为圆角，并设有安全抓杆或扶手，得 4 分。

2 设有可容纳担架的无障碍电梯，得 4 分。

6.2.3 提供便利的公共服务，评价总分值为10分，按下列规则评分：

1 住宅建筑，至少满足下列要求中4项，得5分；满足6项及以上，得10分：

1) 场地出入口到达幼儿园的步行距离不大于300 m；

2) 场地出入口到达小学的步行距离不大于500 m；

3) 场地出入口到达中学的步行距离不大于1 000 m；

4) 场地出入口到达医院的步行距离不大于1 000 m；

5) 场地出入口到达群众文化活动设施的步行距离不大于800 m；

6) 场地出入口到达老年人日间照料设施的步行距离不大于500 m；

7) 场地周边500 m范围内具有不少于3种商业服务设施。

2 公共建筑，至少满足下列要求中3项，得5分；满足5项及以上，得10分：

1) 建筑内至少兼容两种面向社会的公共服务功能；

2) 建筑向社会公众提供开放的公共活动空间；

3) 电动汽车充电桩的车位数占总车位数的比率较现有本市规定基础上提高5个百分点；

4) 周边500 m范围内设有社会公共停车场(库)；

5) 场地不封闭或场地内步行公共通道向社会开放；

6) 场地内设置人行天桥或地道；

7) 合理设置非机动车停车充电设施。

6.2.4 合理设置运动、健身场地和空间，评价总分值为14分，按下列规则分别评分并累计：

1 室外健身场地面积不小于总用地面积的0.5%，得3分。

2 室内健身空间的面积不小于地上建筑面积的0.3%且不少于60 m^2，得3分。

3 设置宽度不少于1.25 m的专用健身慢行道，健身慢行道长度不小于用地红线周长的1/4且不小于100 m，得2分。

4 场地出入口到达居住区公园或城市公园绿地、广场的步行距离不大于300 m，得2分。

5 场地出入口到达中型多功能运动场地的步行距离不大于500 m，得2分。

6 楼梯间具有天然采光和良好的视野，且距离建筑主入口距离不大于15 m，得2分。

Ⅱ 智能化系统

6.2.5 设置能源管理系统实现对建筑能耗的监测、数据分析和管理，评价总分值为8分，按下列规则分别评分并累计：

1 设置分类分级用能自动远传计量系统，得4分。

2 建筑能耗监测系统具有数据应用分析功能，得4分。

6.2.6 设置PM_{10}、$PM_{2.5}$、CO_2浓度的空气质量监测系统，评价总分值为8分，按下列规则分别评分并累计：

1 具有存储至少1年的监测数据和实时显示功能，得4分。

2 对建筑室内空气质量监测数据能实现超标警示，得4分。

6.2.7 设置用水远传计量系统、水质在线监测系统，评价总分值为8分，按下列规则分别评分并累计：

1 设置用水远传计量系统，能分类、分级记录各种用水情况，得2分。

2 系统具有用水情况统计分析和管网漏损诊断分析的功能，管道漏损率低于5%，得2分。

3 设置水质在线监测系统，监测生活饮用水、管道直饮水、游泳池水、非传统水源、空调冷却水的水质指标，记录并保存水质监测结果，且能随时供用户查询，得4分。

6.2.8 设置智能化服务系统，评价总分值为6分，按下列规则分别评分并累计：

1 提供不少于3种类型的智能服务功能，得3分。

2 具有接入智慧城市（城区、社区）的功能，得 3 分。

Ⅲ 运营管理

6.2.9 物业管理机构获得有关管理体系认证或绿色建筑运营管理业绩，评价总分值为 3 分，按下列规则分别评分并累计：

1 具有 ISO 14001 环境管理体系认证和具有 ISO 9001 质量管理体系认证，得 1 分。

2 具有绿色建筑运营管理业绩，得 1 分。

3 具有现行国家标准《能源管理体系要求》GB/T 23331 的能源管理体系认证，得 1 分。

6.2.10 制定完善的节能、节水的操作规程，具备能源资源管理激励机制，且有效实施，评价总分值为 4 分，按下列规则分别评分并累计：

1 相关设施具有完善的操作规程，得 2 分。

2 运营管理机构的工作考核体系中包含节能和节水绩效考核激励机制，得 2 分。

6.2.11 制定二次供水水质检测的管理制度，进行二次供水水质现场取样检测，并予以公示，评价分值为 3 分。

6.2.12 应用信息化手段进行物业管理，提升物业服务效率和水平，评价总分值为 4 分，按下列规则分别评分并累计：

1 设置物业信息管理系统，得 2 分。

2 系统功能与管理业务流程匹配，工作数据完整，得 2 分。

6.2.13 建筑平均日用水量满足现行国家标准《民用建筑节水设计标准》GB 50555 中节水用水定额的要求，评价总分值为 4 分，按下列规则评分：

1 平均日用水量大于节水用水定额的平均值、不大于上限值，得 2 分。

2 平均日用水量大于节水用水定额下限值、不大于平均值，得 3 分。

3 平均日用水量不大于节水用水定额下限值，得 4 分。

6.2.14 定期对建筑运营效果进行评估，并根据结果进行运行优化，评价总分值为 8 分，按下列规则分别评分并累计：

1 制定绿色建筑运营效果评估的技术方案和计划，得 2 分。

2 定期检查、调适公共设施设备，具有检查、调试、运行、标定的记录，且记录完整，得 2 分。

3 定期进行设施性能与能效的诊断评估，并根据评估结果制定优化方案并实施，得 2 分。

4 每年至少开展 1 次针对绿色性能的使用者满意度调查，且根据调查结果制定改进措施并实施、公示，得 2 分。

6.2.15 建立绿色低碳教育宣传和实践机制，形成良好的绿色氛围，评价总分值为 4 分，按下列规则分别评分并累计：

1 每年组织不少于 2 次的绿色建筑技术宣传、绿色生活引导等绿色低碳教育宣传和实践活动，并有活动记录，得 2 分。

2 具有绿色低碳生活展示、体验或交流分享的渠道，得 2 分。

7 资源节约

7.1 控制项

7.1.1 不同建筑功能空间设置分区温度应满足现行国家标准《民用建筑供暖通风与空气调节设计规范》GB 50736 的要求，合理降低室内过渡区空间的温度设定标准。

7.1.2 应采取措施降低部分负荷、部分空间使用下的供暖、空调系统能耗，并应符合下列要求：

1 应区分房间的朝向，细分供暖、空调区域，并应对系统进行分区控制。

2 供暖空调系统冷热源的性能系数及效率应符合现行上海市工程建设规范《公共建筑节能设计标准》DG/TJ 08—107、《居住建筑节能设计标准》DG/TJ 08—205 的规定。

7.1.3 公共区域照明系统应采用分区、定时、感应等节能控制；天然采光区域的照明应能独立控制。

7.1.4 建筑用能系统应进行独立分项计量。新建国家机关办公建筑和大型公共建筑应按规定设置建筑能耗计量系统，且能耗数据应上传至相应监管平台。

7.1.5 垂直电梯应采取变频调速、能量反馈或群控等节能措施；自动扶梯应采用变频调速、感应启动等节能措施。

7.1.6 应制定水资源利用方案，统筹利用各种水资源，并应符合下列规定：

1 应按使用用途、付费或管理单元，分别设置用水计量装置。

2 用水点处水压大于 0.2 MPa 的配水支管应设置减压设施，并应满足用水器具最低工作压力的要求。

3 二次供水系统的水池、水箱应设置超高水位联动自动关闭进水阀门装置。

4 用水器具和设备应满足节水产品的要求。

5 公共浴室应采取有效的节水措施。

7.1.7 不应采用建筑形体和布置严重不规则的建筑结构。

7.1.8 建筑造型要素应简约，无大量装饰性构件，并应符合下列要求：

1 住宅建筑的装饰性构件造价与建筑总造价的比例不应大于2%。

2 公共建筑的装饰性构件造价与建筑总造价的比例不应大于1%。

7.1.9 500 km以内生产的建筑材料重量占建筑材料总重量的比例应大于70%。

7.1.10 建造方式应符合本市关于装配式建造的相关规定。

7.2 评分项

Ⅰ 节地与土地利用

7.2.1 节约集约利用土地，评价总分值为20分，按下列规则评分：

1 对于住宅建筑，根据其所在居住街坊人均住宅用地指标按表7.2.1-1的规则评分。

表7.2.1-1 居住街坊人均住宅用地指标评分规则

人均住宅用地指标 A（m^2）					得分
平均3层及以下	平均4～6层	平均7～9层	平均10～18层	平均19层及以上	
$33 < A \leqslant 36$	$24 < A \leqslant 27$	$19 < A \leqslant 20$	$15 < A \leqslant 16$	$11 < A \leqslant 12$	15
$A \leqslant 33$	$A \leqslant 24$	$A \leqslant 19$	$A \leqslant 15$	$A \leqslant 11$	20

2 对于公共建筑，根据不同功能建筑的容积率（R）按表7.2.1-2的规则评分。

表 7.2.1-2 公共建筑容积率(R)评分规则

行政办公、商务办公、商业金融、旅馆饭店、交通枢纽等	教育、文化、体育、医疗、卫生、科研、产业园、社会福利等	得分
$1.0 \leqslant R < 1.5$	$0.5 \leqslant R < 0.8$	8
$1.5 \leqslant R < 2.5$	$R \geqslant 2.0$	12
$2.5 \leqslant R < 3.5$	$0.8 \leqslant R < 1.5$	16
$R \geqslant 3.5$	$1.5 \leqslant R < 2.0$	20

7.2.2 合理开发利用地下空间，评价总分值为 12 分，根据地下空间开发利用指标，按表 7.2.2 的规则评分。

表 7.2.2 地下空间开发利用指标评分规则

建筑类型	地下空间开发利用指标		得分
住宅建筑	地下建筑面积与地上建筑面积的比率 R_r 地下一层建筑面积与总用地面积的比率 R_P	$10\% \leqslant R_r < 25\%$	5
		$R_r \geqslant 25\%$	7
		$R_r \geqslant 40\%$ 且 $R_P < 70\%$	12
公共建筑	地下建筑面积与总用地面积之比 R_{p1} 地下一层建筑面积与总用地面积的比率 R_P	$R_{p1} \geqslant 0.6$	5
		$R_{p1} \geqslant 0.8$ 且 $R_P < 80\%$	7
		$R_{p1} \geqslant 1.2$ 且 $R_P < 70\%$	12

7.2.3 采用利于节约集约利用土地的停车方式，评价总分值为 8 分，按下列规则评分：

1 住宅建筑地面停车位数量与住宅总套数的比率小于 10%，得 8 分。

2 公共建筑地面停车占地面积与其总建设用地面积的比率小于 8%，得 8 分。

Ⅱ 节能与能源利用

7.2.4 优化建筑围护结构的热工性能，评价总分值为 10 分，按下列规则评分：

1 围护结构热工性能比现行国家标准《建筑节能与可再生

能源利用通用规范》GB 55015 的规定提高 5%，得 5 分；每再提高 1%，再得 1 分，最高得 10 分。

2 建筑供暖空调负荷降低 3%，得 5 分；每再降低 1%，再得 1 分，最高得 10 分。

7.2.5 供暖空调系统的冷、热源机组能效均优于现行国家标准《建筑节能与可再生能源利用通用规范》GB 55015 的规定以及国家现行有关标准能效限定值的要求，评价总分值为 10 分，按表 7.2.5 的规则评分。

表 7.2.5 冷、热源机组能效指标评分要求

<table>
<tr><th colspan="2">机组类型</th><th>能效指标</th><th>参照标准</th><th colspan="2">评分要求</th></tr>
<tr><td rowspan="4">电机驱动的蒸气压缩循环冷水（热泵）机组</td><td>定频水冷</td><td>制冷性能系数（COP）</td><td rowspan="11">《建筑节能与可再生能源利用通用规范》GB 55015</td><td>提高 4%</td><td>提高 8%</td></tr>
<tr><td>变频水冷</td><td>制冷性能系数（COP）</td><td>提高 6%</td><td>提高 12%</td></tr>
<tr><td>活塞式/涡旋式风冷或蒸发冷却</td><td>制冷性能系数（COP）</td><td>提高 4%</td><td>提高 8%</td></tr>
<tr><td>螺杆式风冷或蒸发冷却</td><td>制冷性能系数（COP）</td><td>提高 6%</td><td>提高 12%</td></tr>
<tr><td colspan="2">直燃型溴化锂吸收式冷（温）水机组</td><td>制冷、供热性能系数（COP）</td><td>提高 6%</td><td>提高 12%</td></tr>
<tr><td rowspan="3">单元式空气调节机、风管送风式空调（热泵）机组</td><td>风冷单冷型</td><td>制冷季节能效比（SEER）</td><td rowspan="5">提高 8%</td><td rowspan="5">提高 16%</td></tr>
<tr><td>风冷热泵型</td><td>全年性能系数（APF）</td></tr>
<tr><td>水冷</td><td>制冷综合部分负荷性能系数（IPLV）</td></tr>
<tr><td rowspan="2">多联式空调（热泵）机组</td><td>水冷</td><td>制冷综合部分负荷性能系数（IPLV）</td></tr>
<tr><td>风冷</td><td>全年性能系数（APF）</td></tr>
<tr><td colspan="2">锅炉</td><td>热效率</td><td>提高 1 个百分点</td><td>提高 2 个百分点</td></tr>
</table>

续表7.2.5

<table>
<tr><th>机组类型</th><th>能效指标</th><th>参照标准</th><th colspan="2">评分要求</th></tr>
<tr><td>房间空气调节器</td><td>制冷季节能源消耗效率（SEER）或全年能源消耗效率（APF）</td><td>现行国家标准《房间空气调节器能效限定值及能效等级》GB 21455</td><td rowspan="3">2 级能效等级限值</td><td rowspan="3">1 级能效等级限值</td></tr>
<tr><td>燃气供暖热水炉</td><td>热效率</td><td>现行国家标准《家用燃气快速热水器和燃气采暖热水炉能效限定值及能效等级》GB 20665</td></tr>
<tr><td>蒸汽型溴化锂吸收式冷水机组</td><td>制冷、供热性能系数（COP）</td><td>现行国家标准《热泵和冷水机组能效限定值及能效等级》GB 19577</td></tr>
<tr><td colspan="3">得分</td><td>5 分</td><td>10 分</td></tr>
</table>

7.2.6 采取有效措施降低供暖空调系统的末端系统及输配系统的能耗，评价总分值为 6 分，按下列规则分别评分并累计：

1 通风空调系统的单位风量耗功率比现行上海市工程建设规范《公共建筑节能设计标准》DG/TJ 08—107 规定值低 20%，得 3 分。

2 集中供暖热水循环系统、空调冷热水系统循环泵的耗电输冷（热）比现行上海市工程建设规范《公共建筑节能设计标准》DG/TJ 08—107 规定值低 20%，得 3 分。

7.2.7 采取措施降低过渡季节供暖、通风与空调系统能耗，评价分值为 6 分。

7.2.8 采用节能型电气设备及节能控制措施，评价总分值为 8 分，按下列规则分别评分并累计：

1 主要功能房间的照明功率密度值达到现行国家标准《建筑照明设计标准》GB/T 50034 规定的目标值要求，得 3 分。

2 人员经常活动的天然采光区域设置可随天然光照度自动调节人工照明的装置，得 2 分。

3 电力变压器满足现行国家标准《电力变压器能效限定值及能效等级》GB 20052 规定的 2 级要求，得 2 分；满足 1 级要求，得 3 分。

7.2.9 采取措施降低建筑能耗，评价总分值为 10 分，按下列规则评分：

1 建筑设计能耗相比现行国家标准《建筑节能与可再生能源利用通用规范》GB 55015 降低 5%，得 6 分；降低 10%，得 8 分；降低 15%，得 10 分。

2 建筑运行阶段能耗相比本市建筑能耗标准降低 10%，得 6 分；降低 15%，得 8 分；降低 20%，得 10 分。

7.2.10 结合当地气候和自然资源条件合理利用可再生能源，评价总分值为 15 分。可再生能源利用率达到 10%，得 15 分；可再生能源利用率不足 10%时，按线性内插法计算得分。

Ⅲ 节水与水资源利用

7.2.11 使用较高水效等级的卫生器具，评价总分值为 14 分，按下列规则评分：

1 全部卫生器具的水效等级达到 2 级，得 6 分。

2 50%及以上卫生器具的水效等级达到 1 级，得 12 分。

3 全部卫生器具的水效等级达到 1 级，得 14 分。

7.2.12 绿化灌溉在节水灌溉的基础上采用节水技术，评价总分值为 7 分，按下列规则评分：

1 设置土壤湿度感应器、雨天自动关闭装置等节水控制措施，得 7 分。

2 50%以上的绿地种植无需长期灌溉的植物，得 7 分。

7.2.13 空调冷却水系统采用节水设备或技术，评价总分值为 7 分，按下列规则评分：

1 空调循环冷却水系统采取设置水处理措施、加大集水盘、设置平衡管或平衡水箱等方式，避免冷却水泵停泵时冷却水溢出，得3分。

2 采用无蒸发耗水量的冷却技术，得7分。

7.2.14 室外景观水体应与雨水及河道水利用设施相结合，并对进入景观水体的雨水采用生态设施消减径流污染，评价分值为5分。

7.2.15 合理使用非传统水源及河道水，评价总分值为12分，按下列规则评分：

1 非传统水源及河道水占杂用水总用水量比例不低于40%，或占冷却水补水总用水量的比例不低于10%，或占冲厕总用水量的比例不低于10%，得4分。

2 非传统水源及河道水占杂用水总用水量比例不低于60%，或占冷却水补水总用水量的比例不低于20%，或占冲厕总用水量的比例不低于30%，得8分。

3 非传统水源及河道水占杂用水总用水量比例不低于80%，或占冷却水补水总用水量的比例不低于40%，或占冲厕总用水量的比例不低于50%，得12分。

Ⅳ 节材与绿色建材

7.2.16 建筑所有区域实施土建工程与装修工程一体化设计及施工，评价分值为8分。

7.2.17 合理选用建筑结构材料与构件，评价总分值为8分，按下列规则评分：

1 混凝土结构按下列规则分别评分并累计：

1) 400 MPa级及以上强度等级高强钢筋应用比例达到85%，得4分。

2) 混凝土竖向承重结构合理采用强度等级C50及以上高强混凝土，其用量占竖向承重结构混凝土总量的比例达到50%，或高性能混凝土占工程预拌混凝土总量的比例达到30%，得4分。

2 钢结构按下列规则分别评分并累计：

1） Q355 及以上高强钢材用量占钢材总量的比例达到 50%，得 2 分；达到 70%，得 4 分。

2） 螺栓连接等非现场焊接节点占现场全部连接、拼接节点的数量比例达到 50%，得 3 分。

3） 采用施工时免支撑的楼屋面板，得 1 分。

3 混合结构，其混凝土结构部分按照本条第 1 款进行评价，其钢结构部分按照本条第 2 款进行评价，得分取 2 项得分的平均值。

7.2.18 建筑装修选用的工业化内装部品占同类部品用量比例的 50%以上，评价总分值为 8 分。按工业化内装部品种类进行评分：

1 达到 1 种，得 3 分。

2 达到 3 种，得 5 分。

3 达到 3 种以上，得 8 分。

7.2.19 选用可再循环材料、可再利用材料，评价总分值为 8 分，按下列规则分别评分：

1 住宅建筑：可再循环材料和可再利用材料用量比例达到 6%，得 6 分；达到 10%，得 8 分。

2 公共建筑：可再循环材料和可再利用材料用量比例达到 10%，得 6 分；达到 15%，得 8 分。

3 当可再循环材料中包含了再生骨料建材产品时，其再生骨料可计入可再循环材料中，再生骨料用量的比例要求相比第 1 款和第 2 款相应提高 50%。

7.2.20 选用利废建材，评价总分值 8 分，按下列规则评分：

1 选用 1 种利废建材，其占同类建材的用量比例不低于 50%，且废弃物掺量不低于 15%，得 4 分。

2 选用 2 种利废建材，每种用量占同类建材的用量比例均不低于 30%，且废弃物掺量不低于 30%，得 6 分。

3 选用 3 种及以上利废建材，每种用量占同类建材的用量比例均不低于 30%，且废弃物掺量不低于 30%，得 8 分。

7.2.21 合理选用绿色建材，评价总分值为 10 分。绿色建材应用比例不低于 40%，得 6 分；不低于 50%，得 8 分；不低于 70%，得 10 分。

8　环境宜居

8.1　控制项

8.1.1　建筑与场地设计应符合本市规划管理和现行标准有关日照的规定。

8.1.2　室外热环境应满足国家现行有关标准的要求。

8.1.3　建筑玻璃幕墙光反射影响控制措施应符合国家和本市的相关规定。

8.1.4　配建的绿地应符合本市城乡规划的要求，并根据本市气候、土壤和环境等条件合理选择绿化方式。

8.1.5　场地的竖向设计应有利于雨水的收集或排放，应有效组织雨水的下渗、滞蓄或再利用，并符合本市海绵城市建设的要求。

8.1.6　建筑和场地应设置便于识别和使用的标识系统。

8.1.7　场地内不应有排放超标的污染源。

8.1.8　生活垃圾应分类收集，垃圾收集容器、垃圾房及垃圾收集站的设置应与周围景观协调，并符合环卫车辆装载及运输的要求。

8.2　评分项

Ⅰ　场地生态与景观

8.2.1　建筑布局及景观充分利用原有地形地貌，保护或修复场地生态环境，评价分值为8分，按下列规则评分：

1　保护场地内原有的自然水域、湿地、植被等，或采用生态驳岸、生态浮岛等生态补偿措施，并保持场地内的生态系统与场地外生态系统的连贯性，得 8 分。

2 采取净地表层土回收利用等生态补偿措施，得 8 分。

3 根据场地实际情况，采取其他生态恢复或补偿措施，得 8 分。

8.2.2 充分利用场地空间设置绿化用地，评价总分值为 12 分，按下列规则评分：

1 住宅建筑按下列规则分别评分并累计：

1) 所在场地空间内每 100 m^2 绿地，乔木数达到 2 株，得 4 分；达到 3 株，得 5 分；达到 4 株，得 6 分。

2) 人均集中绿地面积，按表 8.2.2 的规则评分，最高得 6 分。

表 8.2.2 住宅建筑人均集中绿地面积评分规则

人均集中绿地面积 A_g (m^2/人)		得分
新区建设	旧区改建	
0.50	0.35	2
$0.50 < A_g < 0.60$	$0.35 < A_g < 0.45$	4
$A_g \geq 0.60$	$A_g \geq 0.45$	6

2 公共建筑按下列规则分别评分并累计：

1) 绿地率比规划指标提高幅度达到 5%及以上，得 6 分。

2) 绿地向公众开放，得 6 分。

8.2.3 室外吸烟区位置合理，评价总分值为 8 分，按下列规则分别评分并累计：

1 室外吸烟区布置在建筑主出入口的主导风的下风向，与所有建筑出入口、新风进气口和可开启窗扇的距离不少于 8 m，且距离儿童和老人活动场地不少于 8 m，得 4 分。

2 室外吸烟区与绿植结合布置，并合理配置座椅和带烟头收集的垃圾筒，从建筑主出入口至室外吸烟区的导向标识完整、定位标识醒目，吸烟区设置吸烟有害健康的警示标识，得 4 分。

8.2.4 生活垃圾收集站、垃圾房的设置符合本市现行相关标准的规定，评价总分值为6分，按下列规则分别评分并累计：

1 设置通风、除尘、除臭、隔声等环境保护设施，得2分。

2 设置消毒、杀虫、灭鼠等装置，得2分。

3 设置垃圾桶清洗装置，收集箱密封可靠，收集运输过程中无污水滴漏，得2分。

Ⅱ 海绵城市

8.2.5 规划场地遵循低影响开发原则，对雨水实施年径流总量和外排径流峰值控制，评价总分值为10分，按下列规则分别评分并累计：

1 年径流总量控制率按表8.2.5规则评分。

表8.2.5 场地年径流总量控制率评分规则

场地年径流总量控制率 f_r(%)	得分
$60 \leqslant f_r < 65$	2
$65 \leqslant f_r < 70$	3
$70 \leqslant f_r < 75$	4
$75 \leqslant f_r < 80$	5
$f_r \geqslant 80$	6

2 外排径流峰值的控制达到建设开发前的水平，得4分。

8.2.6 规划场地以自然的方式，对场地雨水实施外排径流污染控制。场地年径流污染控制率按表8.2.6的规则评分，最高得6分。

表8.2.6 场地年径流污染控制率评分规则

场地年径流污染控制率 f_p(%)	得分
$35 \leqslant f_p < 40$	2
$40 \leqslant f_p < 45$	3

续表8.2.6

场地年径流污染控制率 f_p(%)	得分
$45 \leqslant f_p < 50$	4
$50 \leqslant f_p < 55$	5
$f_p \geqslant 55$	6

8.2.7 规划场地利用场地空间设置绿色雨水基础设施、汇集场地径流进入设施，有效实现雨水的滞蓄与入渗，评价总分值为14分，按下列规则分别评分并累计：

1 下凹式绿地、雨水花园等有调蓄雨水功能的绿地和水体的面积之和占绿地面积的比例达到40%，得3分；到60%，得5分。

2 衔接和引导不少于80%的屋面雨水进入设施，得3分。

3 衔接和引导不少于80%的道路雨水进入设施，得3分。

4 硬质铺装地面中透水铺装面积的比例达到50%，得3分。

Ⅲ 室外物理环境

8.2.8 场地内的环境噪声优于现行国家标准《声环境质量标准》GB 3096的要求，评价总分值为8分，按下列规则评分：

1 环境噪声值大于2类声环境功能区噪声等效声级限值，且小于或等于3类声环境功能区噪声等效声级限值，得5分。

2 环境噪声值小于或等于2类声环境功能区噪声等效声级限值，得8分。

8.2.9 建筑室外照明及室外显示屏避免产生光污染，评价总分值为10分，按下列规则分别评分并累计：

1 在居住空间窗户外表面产生的垂直照度不大于表8.2.9-1规定的最大允许值，得5分。

表 8.2.9-1 居住空间窗户外表面的垂直照度最大允许值

照明技术参数	应用条件	环境区域		
		E2	E3	E4
垂直面照度 E_v (lx)	非熄灯时段	2	5	10
	熄灯时段	0*	1	2

注：* 对于公共(道路)照明灯具产生的影响，该值提高到 1 lx。

2 建筑室外设置的显示屏表面平均亮度不大于表 8.2.9-2 的规定，且车道和人行道两侧未设置动态模式显示屏，得 5 分。

表 8.2.9-2 显示屏表面平均亮度限值

照明技术参数	环境区域		
	E2	E3	E4
平均亮度(cd/m^2)	200	400	600

8.2.10 场地内风环境有利于室外行走、活动舒适和建筑的自然通风，评价总分值为 8 分，按下列规则分别评分并累计：

1 在冬季典型风速和风向条件下，按下列规则分别评分并累计：

1） 建筑物周围人行区距地高 1.5 m 处风速小于 5 m/s 且风速放大系数小于 2，户外休息区、儿童娱乐区风速放大系数小于 1，得 2 分。

2） 除迎风第一排建筑外，建筑迎风面与背风面表面风压差不大于 5 Pa，得 2 分。

2 过渡季、夏季典型风速和风向条件下，按下列规则分别评分并累计：

1） 场地内人活动区不出现无风区，得 2 分。

2） 50%以上可开启外窗室内外表面的风压差大于 0.5 Pa，得 2 分。

8.2.11 采取措施降低热岛强度，评价总分值为10分，按下列规则分别评分并累计：

1 住宅建筑：

1） 场地中处于建筑阴影区外的步道、游憩场、庭院、广场等室外活动场地，设有遮阴措施的面积比例，达到30%，得4分；达到50%，得7分。

2） 场地中处于建筑阴影区外的位置，设有遮阴面积较大的行道树的路段长度超过70%，得3分。

2 公共建筑：

1） 场地中处于建筑阴影区外的步道、游憩场、庭院、广场等室外活动场地，设有遮阴措施的面积比例，达到10%，得2分；达到20%，得6分。

2） 场地中处于建筑阴影区外的位置，设有遮阴面积较大的行道树的路段长度超过70%，得2分。

3） 屋顶的绿化面积、太阳能板水平投影面积、花架等遮阴措施的累计面积达到屋顶可绿化面积的75%，得2分。

9　提高与创新

9.1　一般规定

9.1.1　绿色建筑评价时，应按本章规定对提高与创新项进行评价。

9.1.2　提高与创新项得分为加分项得分之和，当得分大于100分时，应取为100分。

9.2　加分项

9.2.1　因地制宜建设绿色建筑，评价总分值为30分，按下列规则分别评分并累计：

1　传承建筑文化，采用适宜地区特色的建筑风貌设计，得15分。

2　适应自然环境，充分利用气候适应性和场地属性进行设计，得7分。

3　利用既有资源，合理利用废弃场地或充分利用旧建筑，得8分。

9.2.2　采用合理措施提升室内环境舒适性，评价总分值为15分，按下列规则分别评分并累计：

1　氨、甲醛、苯系物、总挥发性有机物、氡等污染物浓度比国家现行标准规定值降低40%，且室内$PM_{2.5}$年均浓度不高于15 $\mu g/m^3$，得10分。

2　主要功能房间的空气相对湿度在供冷、供暖季节达到现行国家标准《民用建筑供暖通风与空气调节设计规范》GB

50736 所规定的室内设计参数Ⅰ级要求，并具有季节适应的湿度调控措施，得 5 分。

9.2.3 采取措施进一步降低建筑供暖空调系统的能耗，评价总分值为 20 分。建筑供暖空调系统能耗比现行国家标准《建筑节能与可再生能源利用通用规范》GB 55015 的规定降低 20%，得 10 分；每再降低 10%，再得 5 分，最高得 20 分。

9.2.4 国家机关办公建筑和大型公共建筑的室内照明、公共区域照明和应急照明、室外景观照明实现独立分项计量，得 10 分。

9.2.5 采用储能技术、建筑设备智能调节等技术实现建筑柔性用电，评价总分值为 20 分。用电峰值负荷调节比例达到 5%，得 5 分；每再增加 1%，再得 1 分，最高得 20 分。

9.2.6 景观水体设计与海绵城市理念相融合，兼具调蓄规划场地雨水的功能，且采用保障水体水质的生态水处理技术，评价分值为 10 分。

9.2.7 采用符合工业化建造要求的结构体系与建筑构件，评价分值为 10 分，按下列规则分别评分：

1 居住建筑、办公科研类公共建筑设计标准化评分大于 75，得 6 分；大于 85，得 8 分；大于 100，得 10 分。

2 其他类公共建筑设计标准化评分大于 60，得 6 分；大于 75，得 8 分；大于 85，得 10 分。

9.2.8 采取措施降低建筑碳排放强度，评价总分值为 30 分，按下列规则评分：

1 运行直接碳排放为 0，得 10 分。

2 全寿命期碳排放降低 10%，得 10 分；每再降低 1%，再得 1 分，最高得 30 分。

9.2.9 采取措施提升场地绿容率，评价总分值为 5 分，按下列规则评分：

1 场地绿容率计算值，不低于 1.0，得 1 分；不低于 2.0，得 2 分；不低于 3.0，得 3 分。

2　场地绿容率实测值，不低于1.0，得2分；不低于2.0，得4分；不低于3.0，得5分。

9.2.10　应用建筑信息模型（BIM）技术，实现BIM数据在规划设计、施工建造和运行维护的跨阶段传递及共享，评价总分值为15分。在建筑的规划设计、施工建造和运行维护阶段中的一个阶段应用，得5分；两个阶段应用，且数据资源共享，得10分；三个阶段应用，且数据资源共享，得15分。

9.2.11　按照本市绿色施工相关标准要求进行施工和管理，评价总分值为20分，按下列规则评分：

1　项目工地获得上海市绿色施工Ⅱ类工地，得8分；获得上海市绿色施工Ⅰ类工地，得10分。

2　单位工程单位面积的用电量比定额节约10%以上，得5分。

3　采取措施加强建筑垃圾回收再利用，建筑垃圾回收利用率不低于50%，得5分。

9.2.12　满足本市智能建造试点项目相关要求，在建设阶段合理采用智能建造技术，评价分值为15分。

9.2.13　采用建设工程质量潜在缺陷保险产品或绿色建筑性能保险产品，评价总分值为30分，按下列规则分别评分并累计：

1　保险承保范围包括地基基础工程、主体结构工程、屋面防水工程和保温工程的质量问题，得10分。

2　保险承保范围包括装修工程、电气管线、上下水管线的安装工程，供热、供冷系统工程和其他土建工程的质量问题，得10分。

3　具有绿色建筑性能保险，得10分。

9.2.14　采取节约资源、保护生态环境、保障安全健康、智慧友好运行、传承历史文化、绿色金融等其他创新，并有明显效益，评价总分值为30分。每采取1项，得5分，最高得30分。

本标准用词说明

1 为便于在执行本标准条文时区别对待，对要求严格程度不同的用词说明如下：

1）表示很严格，非这样做不可的用词：

正面词采用“必须”；

反面词采用“严禁”。

2）表示严格，在正常情况下均应这样做的用词：

正面词采用“应”；

反面词采用“不应”或“不得”。

3）表示允许稍有选择，在条件许可时首先应这样做的用词：

正面词采用“宜”；

反面词采用“不宜”。

4）表示有选择，在一定条件下可以这样做的用词，采用“可”。

2 标准中指明应按其他有关标准执行的写法为“应符合……的规定（或要求）”或“应按……执行”。

引用标准名录

1 《声环境质量标准》GB 3096
2 《生活饮用水卫生标准》GB 5749
3 《室内空气质量标准》GB/T 18883
4 《清水离心泵能效限定值及节能评价值》GB 19762
5 《电力变压器能效限定值及能效等级》GB 20052
6 《灯和灯系统的光生物安全性》GB/T 20145
7 《能源管理体系要求》GB/T 23331
8 《LED室内照明应用技术要求》GB/T 31831
9 《室外照明干扰光限制规范》GB/T 35626
10 《建筑采光设计标准》GB 50033
11 《建筑照明设计标准》GB/T 50034
12 《民用建筑隔声设计规范》GB 50118
13 《民用建筑热工设计规范》GB 50176
14 《民用建筑节水设计标准》GB 50555
15 《民用建筑供暖通风与空气调节设计规范》GB 50736
16 《民用建筑室内热湿环境评价标准》GB/T 50785
17 《建筑节能与可再生能源利用通用规范》GB 55015
18 《建筑环境通用规范》GB 55016
19 《生活垃圾收集站技术规程》CJJ 179
20 《城市夜景照明设计规范》JGJ/T 163
21 《建筑地面工程防滑技术规程》JGJ/T 331
22 《住宅设计标准》DGJ 08—20
23 《建筑幕墙工程技术规程》DG/TJ 08—56

24 《公共建筑节能设计标准》DG/TJ 08—107

25 《居住建筑节能设计标准》DG/TJ 08—205

26 《建筑工程绿色施工评价标准》DG/TJ 08—2262

标准上一版编制单位及人员信息

DG/TJ 08—2090—2020

主 编 单 位：上海市建筑科学研究院(集团)有限公司
上海市建筑建材业市场管理总站

参 编 单 位：上海市绿色建筑协会
华东建筑设计研究院有限公司
同济大学建筑设计研究院(集团)有限公司
上海建工集团股份有限公司
中国建筑科学研究院有限公司上海分公司
建学建筑与工程设计所有限公司
上海城建物资有限公司

参 加 单 位：上海城投置地(集团)有限公司
北京绿建软件股份有限公司
宝业集团
上海东方延华节能技术服务股份有限公司
上海丰诚物业管理有限公司
威立雅能源科技(上海)有限公司
上海信业智能科技股份有限公司

主要起草人：杨建荣 李 阳 韩继红 张 俊 廖 琳
马伟骏 陈剑秋 张 颖 安 宇 张伯仑
高月霞 王 珏 龚 剑 白燕峰 高海军
方 舟 李 芳 季 亮 王 勋 马晓琼
王 峰 李 坤 邹 寒 范宏武 邵文晞
於林锋 贾 珍 谢 斌 张 辰 于 兵

夏　锋　张金乾　胡青莲　马　雁　周　电
韩家祥

主要审查人：车学娅　龙惟定　王宝海　王勤芬　连之伟
徐　凤　潘　涛　刘　涛　邵民杰

上海市工程建设规范

绿色建筑评价标准

DG/TJ 08—2090—2024

J 17896—2024

条文说明

2025 上海

目　次

Contents

1 总 则

1.0.1 上海市工程建设规范《绿色建筑评价标准》DG/TJ 08—2090—2020(以下简称“2020 年版标准”)发布实施以来,对本市绿色建筑的规划、设计、建设、运营提供了技术支撑,为示范项目评审提供了评价依据,规范和推动了本市绿色建筑发展。

建筑科技发展迅速,理念和技术不断涌现,新的政策要求和行业诉求也在持续深化,绿色建筑在发展过程中遇到了新的机遇和挑战,同时国家标准《绿色建筑评价标准》GB/T 50378—2019 近期也发布了 2024 年局部修订版。因此,根据上海市住房和城乡建设管理委员会的要求,由上海市建筑科学研究院有限公司、上海市建筑建材业市场管理总站会同有关单位对 2020 年版标准进行修订。

1.0.2 本条明确了本标准的适用范围,针对各类民用建筑绿色性能的评价。

1.0.3 在本市不同区域,气候、环境、资源、经济发展水平与民俗文化等方面都存在一定差异,而因地制宜又是绿色建筑建设的基本原则,因此对绿色建筑的评价,应综合考量建筑所在位置的气候、环境、资源、经济和文化等条件和特点。建筑物从规划设计到施工,再到运行使用及最终的拆除,构成一个全寿命期。

本次修订,以“以人为本”为核心要求,以提升建筑品质为原则,从安全耐久、健康舒适、生活便利、资源节约、环境宜居等多方面对建筑的绿色性能进行综合评价。

1.0.4 绿色建筑充分利用场地原有的自然要素,能够减少开发建设对场地及周边生态系统的改变。从适应场地条件和气候特征入手,优化建筑布局,有利于创造积极的室外环境。对场地风环境、光环境的合理组织和利用,可以改善建筑的自然通风和日照条件,提高场地舒适度;对场地热环境的合理组织,可以降低热岛强度;对场地声环境的合理组织,可以降低建筑室内外噪声。

1.0.5 符合国家、行业和本市相关法律法规及有关标准是参与绿色建筑评价的前提条件。本标准重点在于对建筑绿色性能进行评价,并未涵盖通常建筑物所应有的全部功能和性能要求,故参与评价的建筑尚应符合国家和本市现行有关标准的规定。限于篇幅,本条文说明不逐一列出有关标准,仅列出部分标准,如:《工程结构通用规范》GB 55001、《建筑与市政工程抗震通用规范》GB 55002、《建筑与市政地基基础通用规范》GB 55003、《组合结构通用规范》GB 55004、《木结构通用规范》GB 55005、《钢结构通用规范》GB 55006、《砌体结构通用规范》GB 55007、《混凝土结构通用规范》GB 55008、《燃气工程项目规范》GB 55009、《市容环卫工程项目规范》GB 55013、《园林绿化工程项目规范》GB 55014、《建筑节能与可再生能源利用通用规范》GB 55015、《建筑环境通用规范》GB 55016、《建筑与市政工程无障碍通用规范》55019、《建筑给水排水与节水通用规范》GB 55020、《建筑电气与智能化通用规范》GB 55024、《民用建筑通用规范》GB 55031、《建筑防火通用规范》GB 55037、《住宅设计标准》DGJ 08—20、《公共建筑节能设计标准》DG/TJ 08—107、《居住建筑节能设计标准》DG/TJ 08—205 等。

3 基本规定

3.1 一般规定

3.1.1 建筑单体和建筑群均可参评绿色建筑，临时建筑不得参评。单栋建筑应为完整的建筑，不得从中剔除部分区域。对于建筑未交付使用时，应坚持本条原则，不对一栋建筑中的部分区域开展绿色建筑评价。但建筑投入使用后，可能会存在 2 个或 2 个以上业主的多功能综合性建筑，此情况下可灵活处理。首先仍应考虑“以一栋完整的建筑为基本对象”的原则，鼓励其业主联合申请绿色建筑评价；如所有业主无法联合申请，但有业主有意愿单独申请时，可对建筑中的部分区域进行评价，但申请评价的区域，建筑面积应不少于 2 万 m^2，且有相对独立的暖通空调、给水排水等设备系统，此区域的电、气、热、水耗也能独立计量，还应明确物业产权和运行管理涵盖的区域，涉及的系统性、整体性指标，仍应按照本条的相关规定执行。

绿色建筑的评价，首先应基于评价对象的性能要求。当需要对某工程项目中的单栋建筑或建筑群进行评价时，由于有些评价指标是针对该工程项目设定的，或该工程项目中其他建筑也采用了相同的技术方案，难以仅基于该单栋建筑进行评价，此时，应以该栋建筑所属工程项目的总体为基准进行评价。即当评价内容涉及工程建设项目总体要求（如容积率、绿地率、年径流总量控制率等控制指标）时，应依据该项目的整体控制指标，即所在地城乡规划行政主管部门核发的工程建设规划许可证及其设计条件提出的控制要求，进行评价。

建筑群是指位置毗邻、功能相同、权属相同、技术体系相同

(相近)的2个及以上单体建筑组成的群体。常见的建筑群有住宅建筑群、办公建筑群。当对建筑群进行评价时,可先用本标准评分项和加分项对各单体建筑进行评价,得到各单体建筑的总得分,再按各单体建筑的建筑面积进行加权计算得到建筑群的总得分,最后按建筑群的总得分确定建筑群的绿色建筑等级。

无论评价对象为单栋建筑或建筑群,计算系统性、整体性指标时,边界应选取一致,一般以城市道路完整围合的最小用地面积为宜。如最小规模的城市居住区即城市道路围合的居住街坊(现行国家标准《城市居住区规划设计标准》GB 50180 规定的居住街坊规模),或城市道路围合、由公共建筑群构成的城市街坊。

3.1.2 本条参照国家现行标准,重新规定了本市绿色建筑评价阶段。国家标准《绿色建筑评价标准》GB/T 50378—2019(2024年版局部修订),将绿色建筑评价节点放在建筑工程竣工后进行,旨在更加有效地约束绿色建筑技术落地,保障绿色建筑性能的实现。同时提出"绿色建筑预评价应在建筑工程施工图设计完成后进行",目的是使项目把控绿色技术策略,及时优化或调整建筑方案或技术措施,更好保障绿色性能的实现,为后续投入使用及运营管理提前做准备。

3.1.3 本条对申请评价方的相关工作提出要求。绿色建筑注重全寿命期内资源节约与环境保护的性能,申请评价方应对建筑全寿命期内各个阶段进行控制,优化建筑技术、设备和材料选用,综合评估建筑规模、建筑技术与投资之间的总体平衡,并按本标准的要求提交相应的分析、测试报告和相关文件。申请绿色建筑评价时,项目所提交的一切资料均应基于工程竣工资料,并应真实、完整,不得以申请预评价时的设计文件替代。

3.1.4 本条对绿色建筑评价工作提出了要求。绿色建筑评价机构应按照本标准的有关要求审查申请评价方提交的报告、文档,并在评价报告中确定等级,评价机构还应根据具体项目情况,根据本标准条文评价方式要求,必要时应组织现场核查,进一步审核规划设计要求的落实情况、实际性能和运行效果。各评价条文的具体评价方式在预评价、评价时存在一定的差异，详见本标准第 4～9 章各评价条文的条文说明中的“评价方式”。

3.1.5 本条参照国家现行标准要求对申请绿色金融服务的建筑项目提出了要求。2024 年 3 月 27 日，人民银行联合国家发改委、工业和信息化部、财政部、生态环境部、金融监管总局和证监会等七部门联合发布《关于进一步强化金融支持绿色低碳发展的指导意见》，提出进一步加大资本市场支持绿色低碳发展力度，大力发展绿色保险和服务。

绿色金融服务包括绿色信贷、绿色债券、绿色股票指数和相关产品、绿色发展基金、绿色保险、碳金融等。对于申请绿色金融服务的建筑项目，应按照相关要求，对建筑的能耗和节能措施、碳排放、节水措施等进行计算和说明并形成专项报告。若绿色金融相关管理文件中无特殊规定，建筑能耗、碳排放等按本标准相关条文中的方法计算；节能措施说明包括用能设备能效、可再生能源利用、重要节能技术等；建筑节水措施说明包括节水器具使用情况、用水计量情况等。

3.1.6 本条对绿色建筑设计工作提出要求。近年来，绿色建筑设计模式、方法和技术也有较大进步，不同的设计方法对于达成同样的全寿命期绿色性能付出的代价存在一定差异。现行行业标准《民用建筑绿色设计规范》JGJ/T 229 为绿色建筑等级目标的达成提供了一种/系列路径，这种路径通过全过程、全专业协同实现绿色建筑技术的有机集成应用，进而实现更高的绿色性能（安全耐久、健康舒适、生活便利、资源节约、环境宜居）。因此，鼓励通过绿色设计的方式，达成绿色建筑目标。

绿色建筑项目应体现共享、平衡、集成的理念，在设计过程中规划、建筑、结构、给水排水、暖通空调、燃气、电气与智能化、室内设计、景观、经济等各专业应紧密配合，因此要求在施工图设计阶段应提供绿色建筑专篇，在专篇中明确绿色建筑等级目标、能耗、绿色建材使用、可再生能源利用、装配式建造、住宅项目全装修等绿色建筑要求，相关专业采取的技术措施和详细的设计参数，将相关费用纳入工程投资预算，并明确对绿色建筑施工与建筑运营管理的技术要求。此外，为保证绿色建筑设计的系统性，在立项阶段、方案设计阶段和初步设计阶段，应提前开展绿色建筑专篇有关工作，例如明确绿色建筑等级目标、技术路径、设计参数要求，并将相关费用纳入工程投资概算等。各阶段专业设计图纸应与同一阶段绿色建筑专篇或相关内容一致，并达到相应的设计深度要求。

本条另外提出了绿色建筑项目交付时应有绿色建筑使用说明书，建设单位应当按照本市相关规定，向建筑所有权人、使用权人或者物业服务人提供绿色建筑等级、性能指标、相关设施设备、材料的使用、维护、保修等资料。

3.2　评价与等级划分

3.2.1　本条与现行国家标准《绿色建筑评价标准》GB/T 50378 保持一致，沿用 2020 年版标准绿色建筑的评价指标体系“安全耐久、健康舒适、生活便利、资源节约、环境宜居”5 类指标。每类指标均包括控制项和评分项。为了鼓励绿色建筑采用提高、创新的建筑技术和产品建造更高性能的绿色建筑，评价指标体系统一设置了“提高与创新”加分项。

3.2.2　绿色建筑评价需先考量控制项是否全部达标，再通过综合评分项和加分项的评分结果最终确定评价等级。

控制项为绿色建筑的必备条件，控制项的评定应对条文逐一判定是否达标。评分项的评价，参考国家现行标准要求，表现为具体条文得分或不得分，需要对具体评分的子项确定得分分值，或根据具体达标程度确定得分分值。

加分项的评价，依据每个评价条文的规定确定得分或不得分后计算总得分分值。

3.2.3 本条中的综合性单体建筑，指的是包含不同功能的完整的单栋建筑。该类型的建筑以各个条/款为基本评判单元。对于某一条文，只要建筑中有相关区域涉及，则该建筑就参评并确定得分。对于条文下设2款分别针对住宅建筑和公共建筑，所评价建筑如果同时包含住宅建筑和公共建筑，则需按这两种功能分别对应条款要求进行评价后再取平均值。总体原则为：只要有涉及即全部参评；系统性、整体性指标应总体评价；所有部分均满足要求才给分；递进分档的条文，按"就低不就高"的原则确定得分。综合性单体建筑整体的等级仍按本标准的规定确定。

3.2.4 本条明确了预评价和评价两个不同评价阶段时，绿色建筑评价的基础分值和满分值，评价指标评分项满分值、提高与创新加分项满分值均为最高可能的分值。

控制项基础分值的获得条件是满足本标准所有控制项的要求。5类指标对于住宅建筑和公共建筑同等重要，所以未按照不同建筑类型划分各评价指标评分项的总分值。"资源节约"指标包含了节地、节能、节水、节材的相关内容，故该指标的总分值高于其他指标。"创新"为加分项，鼓励绿色建筑创新，创新项加分值的总分值为100分。

对于竣工即进行评价的建筑，部分与运行有关的条文仍无法得分。例如本标准第6章"生活便利"第6.2.9～6.2.15条设置的评价指标为建筑项目投入使用后的要求，在预评价时无法进行评判，因此相比评价，预评价时"生活便利"指标的评分项满分值由100分降为70分；本标准第9章"提高与创新"第9.2.11条为施工相关要求，在预评价时也无法进行评价，因此该条文在预评价时不得分。

3.2.5 本条对绿色建筑评价中的总得分的计算方法做出了规定。参评建筑的总得分由控制项基础分值、评分项得分和提高与创新加分项得分三部分分值累加，除以 10 后得出。

3.2.6 本次修订与现行国家标准《绿色建筑评价标准》GB/T 50378 的评价等级划分保持一致，将绿色建筑评价等级分为 4 个等级，其中基本级为最低等级，三星级为最高等级。

3.2.7 控制项是绿色建筑的必要条件，当建筑项目满足本标准全部控制项的要求时，绿色建筑的等级即达到基本级。

3.2.8 本条第 1 款提出对绿色建筑进行星级评价时，首先应该满足本标准规定的全部控制项要求，同时规定了每类评价指标的最低得分要求（不小于每类评分项满分值的 30%），以实现绿色建筑性能均衡。

第 2 款提出了全装修要求。本标准第 2.0.3 条术语对于住宅建筑和公共建筑的全装修范围进行了界定。除满足术语要求外，全装修选用的材料和产品应满足相关标准的要求，并结合上海本地的使用习惯，最大程度避免二次装修。

在满足第 1、2 款的前提下，按本标准第 3.2.5 条的规定计算得到绿色建筑总得分。当总得分分别达到 60 分、70 分、85 分，且满足第 3 款表 3.2.8 的技术要求时，绿色建筑等级方可评定为一星级、二星级、三星级。

为提升本市绿色建筑性能品质，本条第 3 款结合本市的现状需求和发展趋势，衔接现行国家标准《绿色建筑评价标准》GB/T 50378 的具体规定，对一星级、二星级、三星级绿色建筑提出了更高的技术要求。

(1) 为与现行国家标准《绿色建筑评价标准》GB/T 50378 衔接，新增表 3.2.8 中“围护结构热工性能的提高比例，或建筑供暖空调负荷降低比例”，对二星级、三星级绿色建筑的能耗提出了更高要求，具体包括围护结构热工性能的提高或建筑供暖空调负荷的降低。具体计算方法参见本标准第 7.2.4 条的条文说明。

(2) 对二星级、三星级绿色建筑（住宅建筑）的隔声性能提出了要求。具体评价方法参见本标准第 5.1.4 条和第 5.2.7 条的条文说明。

(3) 对各星级绿色建筑室内主要空气污染物浓度限值进行了规定。现行国家标准《室内空气质量标准》GB/T 18883 对室内空气污染物浓度限值进行了调整，其中甲醛、苯、氡、可吸入颗粒物的浓度限值相比该标准 2002 年版降低幅度达到了 20%以上，而氨、总挥发性有机物进行要求，并增加了 $PM_{2.5}$ 的要求。具体评价方法，详见本标准第 5.1.1 条、第 5.2.1 条的条文说明。

(4) 参照现行国家标准《绿色建筑评价标准》GB/T 50378，对星级绿色建筑的绿色建材应用进行了规定。本条所指的绿色建材应符合国家和上海市相关政策管理规定及性能要求，应用比例的具体计算及评价方法详见本标准第 7.2.21 条的条文说明。

(5) 对于星级绿色建筑全寿命期碳排放提出要求，绿色建筑对资源节约、环境保护的要求贯穿建筑全寿命期，建筑碳排放管理理念应在建筑设计、建材选用、施工建造、运行维护以及拆除处置等过程中均有体现和引导。建筑碳排放计算应满足现行国家和本市相关建筑碳排放标准的规定。

(6) “外窗的气密性能”应符合现行上海市工程建设规范《居住建筑节能设计标准》DG/TJ 08—205、《公共建筑节能设计标准》DG/TJ 08—107 等的规定。在外窗安装施工过程中，应严格按照相关工法和相关验收标准要求进行，保证外窗洞口与外窗本体的结合部位严密。

4 安全耐久

4.1 控制项

4.1.1 本条适用于各类民用建筑的预评价和评价。

本条对绿色建筑的场地安全提出要求，确保场地符合各项安全标准。建筑场地与各类危险源的距离应满足相应危险源的安全防护距离等控制要求，对场地中不利地段或潜在危险源应采取必要的避让、防护或控制、治理等措施，对场地中存在的有毒有害物质应采取有效的治理措施进行无害化处理，场地土壤和地下水无污染或修复治理后达标。

场地的防洪设计应符合现行国家标准《防洪标准》GB 50201 和《城市防洪工程设计规范》GB/T 50805 的有关规定，选址尚应符合现行国家标准《城市抗震防灾规划标准》GB 50413 和《建筑抗震设计标准》GB/T 50011 的规定；电磁辐射应符合现行国家标准《电磁环境控制限值》GB 8702 的有关规定；土壤中氡浓度的控制应符合现行国家标准《民用建筑工程室内环境污染控制标准》GB 50325 的有关规定；场地及周边的加油站、加气站，以及燃油应急发电机的日用油箱、储油罐等危险源应满足国家及本市现行相关标准中关于安全防护等的控制要求。

关于含氡土壤，根据《中国土壤氡概况》的相关划分，上海整体处于土壤氡含量低背景、中背景区域，对工程场地所在地点不存在地质断裂构造的项目，可不提供土壤氡浓度检测报告。

【评价方式】

1 预评价：查阅项目区位图、场地地形图、工程地质勘察报告、环境影响报告书，可能涉及污染源、电磁辐射等危险源的项目需提供相关检测报告，以核查项目污染源、危险源的安全避让防护距离或治理措施的合理性，项目防洪工程设计是否满足所在地防洪标准要求、项目是否符合城市抗震防灾相关要求。

2 评价：查阅相关资料文件，必要时现场核查实际防护治理情况。

4.1.2 本条适用于各类民用建筑的预评价和评价。

本条重点考量建筑结构自身的安全耐久。

建筑结构的承载力和建筑使用功能要求主要涉及安全与耐久，是满足建筑长期使用的首要条件。结构的安全性指在规定的设计工作年限内，结构应能够承受在正常施工和正常使用期间预期可能出现的各种作用（永久作用、可变作用、偶然作用）和变形而不发生破坏；结构的耐久性指在规定的设计工作年限内结构构件保持承载力和外观的能力，并满足建筑使用功能要求。结构设计应满足承载能力极限状态计算、正常使用极限状态验算和耐久性设计的要求，并应符合国家及本市现行相关标准的规定，包括但不限于《工程结构通用规范》GB 55001、《建筑与市政工程抗震通用规范》GB 55002、《建筑与市政地基基础通用规范》GB 55003、《组合结构通用规范》GB 55004、《木结构通用规范》GB 55005、《钢结构通用规范》GB 55006、《砌体结构通用规范》GB 55007、《混凝土结构通用规范》GB 55008、《混凝土结构耐久性设计标准》GB/T 50476、《建筑抗震设计标准》DG/TJ 08—09、《地基基础设计标准》DGJ 08—11 等。同时，针对建筑运行期内可能出现地基不均匀沉降、使用环境影响导致的钢筋（材）锈蚀等影响结构安全的问题，应定期对结构进行检查、维护与管理。

【评价方式】

1 预评价：查阅相关设计文件（含结构专业施工图、结构计算书、各连接件、配件、预埋件的力学性能及检验检测要求等）、产品设计要求等。

2 评价：查阅相关竣工图（或竣工验收报告）、产品说明书、力学及耐久性能测试或实验报告，并现场核实。

4.1.3 本条适用于各类民用建筑的预评价和评价。

建筑外墙、屋面、门窗、幕墙及外保温等围护结构应满足安全、耐久和防护要求，其中包括对围护结构防水性能，因此建筑外墙、屋面、地下室顶板、地下室外墙及底板等围护结构应符合现行国家标准《屋面工程技术规范》GB 50345、《地下工程防水技术规范》GB 50108《建筑幕墙》GB/T 21086 及现行行业标准《建筑外墙防水工程技术规程》JGJ/T 235 等标准中关于防水材料和防水设计施工的规定。外遮阳、太阳能设施、空调室外机位、墙面绿化等外部设施应与建筑主体结构统一设计、施工，确保连接可靠，并应符合现行国家标准《民用建筑太阳能热水系统应用技术标准》GB 50364、《建筑光伏系统应用技术标准》GB/T 51368、《装配式混凝土建筑技术标准》GB/T 51231 及现行行业标准《建筑遮阳工程技术规范》JGJ 237 等标准的规定。

外部设施需要定期检修和维护，因此在建筑设计时应考虑后期检修和维护条件，如设计检修通道、马道和吊篮固定端等。当与主体结构不同时施工时，应设预埋件，并在设计文件中明确预埋件的检测验证参数及要求，确保其安全性与耐久性。比如，每年频发的空调外机坠落或安装人员作业时跌落伤亡事故，已成为建筑的重大危险源，故新建或改建建筑设计时预留与主体结构连接牢固的空调外机安装位置，并与拟定的机型大小匹配，同时预留操作空间，保障安装、检修、维护人员安全。

【评价方式】

1 预评价：查阅相关设计文件（含建筑、结构、幕墙等专业施工图等）。

2 评价：查阅相关竣工图（或竣工验收报告）、相关材料检测报告，并现场核查实际外部设施情况。

4.1.4 本条适用于各类民用建筑的预评价和评价。

本条重点考量建筑内部的非结构构件，设备及附属设施等与主体结构连接的安全耐久。建筑内部的非结构构件、设备及附属设施等应连接牢固并能适应主体结构变形。建筑内部的非结构构件包括非承重墙体、附着于楼屋面结构的构件、装饰构件和部件等。设备指建筑中为建筑使用功能服务的附属机械、电气构件、部件和系统，主要包括电梯、照明和应急电源、通信设备、管道系统、采暖和空气调节系统、烟火监测和消防系统、公用天线等。附属设施包括整体卫生间、橱柜、储物柜等。建筑内部非结构构件、设备及附属设施等应采用机械固定、焊接、预埋等牢固性构件方式或一体化建造方式与建筑主体结构可靠连接，防止由于个别构件破坏引起连续性破坏或倒塌。应注意的是，以膨胀螺栓（后置锚栓）、捆绑、支架、粘结等连接或安装方式均不能视为一体化措施，但在保证连接牢固的前提下可局部使用，不得大面积采用。

室内装饰装修除应符合国家及本市现行标准的规定外，还需对承重材料的力学性能进行检测验证。装饰构件之间以及装饰构件与建筑墙体、楼板等构件之间的连接力学性能应满足设计要求，连接可靠并能适合主体结构在地震作用之外各种荷载作用下的变形。

机电设备抗震支吊架应满足现行国家标准《建筑抗震支吊架通用技术条件》GB/T 37267、《建筑机电工程抗震设计规范》GB 50981 和现行行业标准《建筑机电设备抗震支吊架通用技术条件》CJ/T 476 的要求。

采用机械固定时，锚栓选用须满足现行行业标准《混凝土结构后锚固技术规程》JGJ 145 的规定。

【评价方式】

1 预评价：查阅相关设计文件（含建筑、结构、给排水、暖通、电气等专业设计图纸或说明，包括各连接件、配件、预埋件的力学性能及检验检测要求等）、产品设计要求等。

2 评价：查阅相关竣工图（或竣工验收报告）、产品说明书、力学及耐久性能测试或实验报告，并现场核查相关实际连接情况。

4.1.5 本条适用于各类民用建筑的预评价和评价。

门窗和幕墙是实现建筑物理性能的极其重要的功能性构件。设计时,外门窗和幕墙应以满足不同气候及环境条件下的建筑物使用功能要求为目标,明确抗风压性能、气密性、水密性、耐撞击等性能指标和等级,并应符合现行国家标准《建筑幕墙》GB/T 21086,现行行业标准《塑料门窗工程技术规程》JGJ 103、《铝合金门窗工程技术规范》JGJ 214、《玻璃幕墙工程技术规范》JGJ 102、《金属与石材幕墙工程技术规范》JGJ 133 及现行上海市工程建设规范《建筑幕墙工程技术标准》DG/TJ 08—56 等相关标准的规定。

外门窗和幕墙的检测与验收应按现行国家标准《建筑外门窗气密、水密、抗风压性能检测方法》GB/T 7106、《建筑幕墙气密、水密、抗风压性能检测方法》GB/T 15227、《建筑装饰装修工程质量验收标准》GB 50210 及现行行业标准《建筑外窗气密、水密、抗风压性能现场检测方法》JG/T 211、《建筑门窗工程检测技术规程》JGJ/T 205 等相关标准的规定执行。

【评价方式】

1 预评价:查阅相关设计文件(含建筑、结构、幕墙等专业施工图等)。

2 评价:查阅相关竣工图(或竣工验收报告)、门窗、幕墙及相关材料检测报告,并现场核查实际外窗幕墙情况。

4.1.6 本条适用于各类民用建筑的预评价和评价。

本条对卫生间、浴室等有水房间的防水、防潮进行了规定。为避免水蒸气透过墙体或顶棚,使隔壁房间或住户受潮发霉、破坏装修效果,同时为避免卫生间顶棚楼板钢筋受潮锈蚀、降低结构耐久性,因此要求所有卫生间、浴室的楼地面应全面设置防水层,并要求墙面、顶棚设防潮层,且墙面防潮层与顶棚的防潮层应连续贯通。防水层和防潮层的设计应符合现行国家标准《建筑与市政工程防水通用规范》GB 55030、现行行业标准《住宅室内防水工程技术规范》JGJ 298 和现行上海市工程建设规范《建筑同层排水系统应用技术标准》DG/TJ 08—2314 的规定。整体卫生间与整体浴室产品也应满足楼面、地面防水及墙面、顶棚防潮的要求。

【评价方式】

1 预评价:查阅相关设计文件(含建筑、结构、装修、幕墙等专业施工图等)。

2 评价:查阅相关竣工图(或竣工验收报告)、材料有关检测报告,并现场核查实际墙体和楼板相关情况。

4.1.7 本条适用于各类民用建筑的预评价和评价。

在发生突发事件时,疏散和救护顺畅非常重要,必须在场地、建筑及设备设施设计中考虑到对策和措施。建筑应根据其高度、规模、使用功能和耐火等级等因素合理设置安全疏散和避难设施。安全出口和疏散门的位置、数量、宽度及疏散楼梯间的形式,应满足人员安全疏散的要求。走廊、疏散通道等应满足现行国家标准《建筑设计防火规范》GB 50016、《防灾避难场所设计规范》GB 51143 等对安全疏散和避难、应急交通的相关要求。本条重在强调保持通行空间路线畅通、视线清晰、不受烟气影响,不应有阳台花池、机电箱等凸向走廊、疏散通道的设计,防止对人员活动、步行交通、消防疏散埋下安全隐患。

【评价方式】

1 预评价:查阅相关设计文件(含建筑、结构、机电、装修、场地景观、消防等专业施工图等)。

2 评价:查阅相关竣工图、消防竣工验收合格材料、消防设施及系统检测合格文件、消防验收合格意见等,并现场核查实际通行空间内相关情况。

4.1.8 本条适用于各类民用建筑的预评价和评价。

根据现行国家标准《安全标识及其使用导则》GB 2894,可依据建筑用途按需设置禁止标识、警告标识、指令标识和提示标识。

安全警示标志能够起到提醒建筑使用者注意安全的作用，警示标志一般设置于人员流动大的场所，青少年和儿童经常活动的场所，容易碰撞、夹伤、湿滑及危险的部位和场所等。比如禁止攀爬、禁止倚靠、禁止伸出窗外、禁止抛物、注意安全、当心碰头、当心夹手、当心车辆、当心坠落、当心滑倒、当心落水等。

设置安全引导指示标志，具体包括人行导向标识、紧急出口标志、避险处标志、应急避难场所标志、急救点标志、报警点标志以及其他促进建筑安全使用的引导标志等。对地下室、停车场等还包括车行导向标识。标识设计需要结合建筑平面与建筑功能特点结合流线，合理安排位置和分布密度。在难以确定位置和方向的流线节点上，应增加标识点位以便明示和指引。以紧急出口标志为例，一般设置于便于安全疏散的紧急出口处，结合方向箭头设置于通向紧急出口的通道、楼梯口等处。

【评价方式】

1 预评价：查阅相关设计文件（含标识系统设计图纸及标识设置说明文件）。

2 评价：查阅预评价方式涉及的竣工文件，查阅相关竣工图、相关影像资料等，并现场核查实际标识设置情况。

4.1.9 本条适用于各类民用建筑的预评价和评价。

上海冬季天气温度可达0℃以下，敷设在室外、半室外及与室外空间直接相通的楼梯、走廊、坡道、车库等部位的给水、消防管道可能会发生冰冻，故需要对给水管道、阀门和设备采取防冻措施，包括保温、电伴热、增加加热设备以及干式消防系统等，其设计和施工应符合国家及本市现行有关标准的规定。

【评价方式】

1 预评价：查阅相关设计文件（含给水、消防等系统设计图纸及设计说明）。

2 评价：查阅给水、消防等系统的竣工文件，查阅相关竣工图、相关影像资料等，并现场核查相关管道防冻措施情况。

4.2 评分项

Ⅰ 安 全

4.2.1 本条适用于各类民用建筑的预评价和评价。

采用基于性能的抗震设计并适当提高建筑的抗震性能指标要求，如针对重要结构构件采用“中震不屈服”“中震弹性”及以上的性能目标，或者为满足使用功能而提出比现行标准要求更高的抗震设防要求(抗震措施、刚度要求等)，可以提高建筑的抗震安全性及功能性；采用隔震、消能减震等抗震新技术，也是提高建筑的设防类别或提高抗震性能要求的有效手段。

针对住宅建筑，一般剪力墙、框支剪力墙居多，可采用的抗震性能设计措施建议如下：

(1) 抗震设防要求高于国家和本市现行抗震规范的要求。如采用地震力放大系数不小于 1.1、抗震构造措施提高 1 级、层间位移角限值不大于规范限值的 90%以上等措施，均可适当提高建筑的抗震性能。

(2) 采用抗震性能化设计。如针对剪力墙的底部加强区的约束边缘构件按“中震不屈服”、框支层的约束边缘构件按“中震弹性”、框支柱及框支梁按“中震弹性”设计等，均可适当提高建筑的抗震性能。

针对公共建筑，一般框架、框架-剪力墙、框架-核心筒居多，可采用的抗震性能设计措施建议如下：

(1) 抗震设防要求高于国家和本市现行抗震规范的要求。如采用地震力放大系数不小于 1.1、抗震构造措施提高 1 级、层间位移角限值不大于规范限值的 90%以上等措施，均可适当提高建筑的抗震性能。

(2) 采用抗震性能化设计。如针对剪力墙的底部加强区的约束边缘构件按“中震不屈服”、框架-核心筒的外框柱按抗弯“中震不屈服”、抗剪“中震弹性”设计等，均可适当提高建筑的抗震性能。

(3) 采用隔震、消能减震等抗震新技术，也可提高建筑整体抗震性能。如采用基础隔震、框架增加消能器、屈曲约束支撑等消能减震技术，均可适当提高建筑的抗震性能。

结合住宅建筑、公共建筑对应的结构体系，满足以上抗震性能建议措施中的1项及以上，可得10分。

【评价方式】

1 预评价：查阅相关设计文件（含结构施工图、结构计算文件、项目抗震性能化设计专项报告等）。

2 评价：查阅相关竣工图（或竣工验收报告）、结构计算文件、项目安全分析及应对措施报告及应对措施结果，并现场核查实际安全情况。

4.2.2 本条适用于各类民用建筑的预评价和评价。

第1款是降低坠伤人可能性的主动式优化方法。参考现行行业标准《建筑防护栏杆技术标准》JGJ/T 470、《托儿所、幼儿园建筑设计规范》JGJ 39等的有关规定，阳台、外窗、窗台、防护栏杆等强化防坠设计有利于降低坠物伤人风险，阳台外窗采用高窗设计、限制窗扇开启角度、窗台与绿化种植整合设计、适度减少防护栏杆垂直杆件水平净距、安装隐形防盗网等措施，防止物品坠落伤人。外窗的安全防护可与纱窗等相结合，既可以防坠物伤人，还可以防蚊防盗。另外，应避免可导致人员坠落风险的阳台外部或窗台外部动作因素，包括开关燃气阀门、读取水电表、更换灯源、开关外部遮阳或雨棚等。

第2～3款是降低坠物伤人风险的被动式保护方法。第2款系指建筑物出入口，第3款系指建筑物周边。在建筑间距和通路设计时，除了考虑消防、采光、通风、日照间距等，还需考虑采取避免坠物伤人的措施。由于建筑物外墙钢筋混凝土、填充墙体、水泥砂浆、外贴保温、外墙饰面层及幕墙、门窗等的热胀冷缩系数不同，建筑设计时虽然采取设墙面变形缝的措施，但受环境温度、湿度及施工质量的影响，各种材料会发生不同程度的变形，材料连接界面破坏，出现外墙空鼓，最后导致坠落，影响人民生命与财产安全。因此，要求建筑物出入口均设防止外墙饰面、门窗玻璃、幕墙意外脱落的防护措施，并与人员通行区域的遮阳、遮风或挡雨措施结合，建筑物周边出入口以外的区域采取建立护栏、缓冲区、隔离带等安全措施，消除安全隐患。另外根据国家标准《建筑设计防火规范》GB 50016—2014(2018 年版)第 5.5.7 条的规定，高层建筑直通室外出入口上方，应设置出挑进深不小于 1.0 m 的防护挑檐，宽度能覆盖建筑物出入口。参考此标准并结合现场调研，本款提出“建筑物周边植物隔离带或其他柔性缓冲的设置宽度不小于 1.0 m”的参考指标。

【评价方式】

1 预评价：查阅相关设计文件(含建筑、装修、幕墙、门窗、景观、结构等专业施工图等)。

2 评价：查阅相关竣工图(或竣工验收报告)、材料有关检测报告，并现场核查实际安全防护设施实际情况。

4.2.3 本条适用于各类民用建筑的预评价和评价。

第 1 款：参考现行国家标准《建筑用安全玻璃》GB 15763、现行行业标准《建筑玻璃应用技术规程》JGJ 113 的有关规定以及《建筑安全玻璃管理规定》对建筑用安全玻璃使用的建议，人体撞击建筑中的玻璃制品并受到伤害的主要原因是缺少足够的安全防护。为了尽量减少建筑用玻璃制品在受到冲击时对人体造成划伤、割伤等，在建筑中使用玻璃制品时需尽可能地采取下列措施：

(1) 选择安全玻璃制品时，充分考虑玻璃的种类、结构、厚度、尺寸，尤其是合理选择安全玻璃制品霰弹袋冲击试验的冲击历程和冲击高度级别等。

(2) 对关键场所的安全玻璃制品采取必要的其他防护。

(3) 关键场所的安全玻璃制品设置容易识别的标识。

本款所述包括分隔建筑室内外的玻璃门窗、幕墙、防护栏杆等采用安全玻璃，室内玻璃隔断、玻璃护栏等采用夹胶钢化玻璃，以防止玻璃自爆伤人。

第 2 款：生活中常见的自动门窗、推拉门、旋转门等夹人事故频频发生，尤其是对于缺乏自我保护能力的儿童来说更为危险。因此，对于人流量大、门窗开合频繁的位置，可采用可调力度的闭门器或具有缓冲功能的延时闭门器等措施，防止夹人伤人事故的发生。主要部位包括但不限于大堂入口门、电梯门、旋转门、推拉门窗等。

【评价方式】

1 预评价：查阅相关设计文件（含建筑、装修、幕墙等专业施工图等）。

2 评价：查阅相关竣工图（或竣工验收报告）、安全玻璃及幕墙等相关检测报告，并现场核查实际门窗和玻璃安全防护设施产品配件实际情况。

4.2.4 本条适用于各类民用建筑的预评价和评价。

建筑防滑地面工程对于保证人身安全至关重要，尤其是幼儿园、医院、疗养院及养老建筑。光亮、光滑的室内地面，因雨雪天气造成的室外湿滑地面和浴室、厕所等湿滑地面极易导致伤害事故。按现行行业标准《建筑地面工程防滑技术规程》JGJ/T 331 的规定，A_w、B_w、C_w、D_w 分别表示潮湿地面防滑安全程度为高级、中高级、中级、低级，A_d、B_d、C_d、D_d 分别表示干态地面防滑安全程度为高级、中高级、中级、低级。防滑等级与干湿分区及工程部位有关，行业标准《建筑地面工程防滑技术规程》JGJ/T 331—2014 中表 3.0.3-1“室外及室内潮湿地面湿态防滑值”与表 3.0.3-2“室内干态地面静摩擦系数”，明确了 A_w、B_w、C_w、D_w 与防滑值 BPN，A_d、B_d、C_d、D_d 与 COF 静摩擦系数等量化对应关系；在验收章节中，规定了地面防滑工程检验批等划分方法。

特别明确陶瓷砖按国家标准《陶瓷砖》GB/T 4100—2015 检测标准检测的防滑系数不小于 0.5，并不代表满足本条的相关规定。

第 3 款中“按水平地面等级提高 1 级，并采用防滑条等防滑构造措施”是指建筑坡道、楼梯踏步采用满足本条第 1 款水平地面防滑等级要求的饰面层，并在楼梯踏步饰面层上设防滑条、坡道饰面层上刻防滑痕等构造技术处理措施，视同提高 1 级。

【评价方式】

1 预评价：查阅相关设计文件（含建筑、装修等专业施工文件）。

2 评价：查阅相关竣工图（或竣工验收报告）、地面防滑有关测试报告，并现场核查实际防滑措施情况。

4.2.5 本条适用于各类民用建筑的预评价和评价。

第 1 款：随着城镇汽车保有量大幅提升，交通压力与日俱增。建筑场地内的交通状况直接关系着使用者的人身安全。人车分流将行人和机动车分离开，互不干扰，可避免人车争路的情况，充分保障行人尤其是老年人和儿童的安全。提供完善的人行道路网络可鼓励公众步行，也是建立以行人为本的城市的先决条件。考虑到本市建设用地紧张，如将基地内的日常机动车道与人行道设置合理分隔，达到日常使用时的人车分流，本条可得分。

第 2 款：步行和非机动车交通系统如果照明不足，往往会导致人们产生不安全感，特别是在空旷或比较空旷的公共区域。充足的照明可以消除不安全感，对降低犯罪率、防止发生交通事故、提高夜间行人的安全性有重要作用。

夜间行人的不安全感和实际存在的危险与道路等设施的照度水平和照明质量密切相关。步行和非机动车交通系统照明以路面平均照度、路面最小水平照度和垂直照度等为评价指标，其照度值应不低于现行国家标准《建筑照明设计标准》GB 50034 和现行行业标准《城市道路照明设计标准》CJJ 45 的有关规定。

【评价方式】

1 预评价:查阅相关设计文件(含总平面图、交通流线图、照明设计文件、人车分流专业施工文件)。

2 评价:查阅相关竣工图(或竣工验收报告),并现场核查实际步行和车行道路设置情况。

Ⅱ 耐 久

4.2.6 本条适用于各类民用建筑的预评价和评价。

本条旨在鼓励采取措施提升建筑适变性。建筑适变性包括建筑的适应性和可变性,适应性是指使用功能和空间的变化潜力,可变性是指结构和空间上的形态变化。除走廊、楼梯、电梯井、卫生间、厨房、设备机房、公共管井以外的室内地上空间,以及作为商业、办公用途的地下空间均可考虑采取提升建筑适变性的措施,有特殊隔声、防护及特殊工艺需求的空间可不考虑适变性设计。

第1款:对于住宅,可采取的具体措施包括考虑户内居室的可转换性及转换后的使用舒适性,如2居室可转换为3居室,3居室可转换为2居室;结构布置时,墙、柱、梁的布置不影响居室转换且卧室中间不露梁、柱;对于以办公建筑、商业建筑为代表的公共建筑,应考虑后期调整的便利性,楼面采用大开间和大进深结构布置,内隔墙重点考虑选用玻璃隔断、家具隔断、成品可重复拆卸隔墙等,尽可能地采取灵活隔断设计。结构计算时,楼面活荷载取值根据建筑功能要求高于国家标准《工程结构通用规范》GB 55001—2021第4.2节中规定值的25%,且不小于1 kN/m^2。

第2款:现行行业标准《装配式住宅建筑设计标准》JGJ/T 398规定,管线分离是指建筑结构体中不埋设设备及管线,将设备及管线与建筑结构体相分离的方式。建筑结构不仅仅指建筑主体结构,还包括外围护结构、楼梯间、公共管井等可保持长久不变的部分。除了采用SI体系的装配式建筑可认定实现了建筑主体结构与建筑设备管线分离之外，其他可采用的技术措施包括：

（1）分离墙体与管线，可采用轻质隔墙、双层贴面墙；在双层贴面墙的墙内侧设装饰壁板，利用架空空间和装饰壁板铺设电气管线和安装开关、插座等，利用外墙装饰空间整合内保温工艺等。

（2）设公共管井，集中布置设备主管线；卫生间架空地面上设同层排水，设双层天棚等，可方便铺设设备管线。

（3）室内地板下面采用次级结构支撑，或者卫生间设架空地面上设同层排水，或者室内设双层天棚等措施，方便设备管线的铺设。对公共建筑，也可直接在结构天棚下合理布置管线，采用明装方式。

根据《上海市装配式建筑单体预制率和装配率计算细则》，管线分离以可检修和易更换为标志。对于裸露于室内空间（全装修完成后）以及敷设在地面架空层、非承重墙体空腔和吊顶内的电气、给排水和采暖管线应认定为管线分离（国家强制性标准有预埋要求的管线除外）。本款得分可参照《上海市装配式建筑单体预制率和装配率计算细则》中的计算方法，根据室内墙面、顶面、地面不同部位的管线分离实现情况及其对应得分，进行得分组合。

第 3 款：指的是能够与第 1 款中建筑功能或空间变化相适应的设备设施布置方式或控制方式，既能够提升室内空间的弹性利用，也能够提高建筑使用时的灵活度。比如家具、电器与隔墙相结合，满足不同分隔空间的使用需求；或采用智能控制手段，实现设备设施的升降、移动、隐藏等功能，满足某一空间的多样化使用需求；还可以采用可拆分构件或模块化布置方式，实现同一构件在不同需求下的功能互换，或同一构件在不同空间的功能复制。以上所有变化，均不需要改造主体及围护结构。具体措施包括：

（1）平面布置时，设备设施的布置及控制方式满足建筑空间适变性要求，无需大改造即可满足使用舒适性及安全要求；如层内或户内水、强弱电、采暖通风等竖井及分户计量控制箱位置的不改变即可满足建筑适变的要求。

（2）设备空间模数化设计，设备设施模块化布置，便于拆卸、更换、互换等；包括整体厨卫、标准尺寸的电梯等。

（3）对公共建筑，采用可移动、可组合的办公家具、隔断等，形成不同的办公空间，方便长短期的不同人群的移动办公需求。采用集成的单元式设备，如设备带、设备末端集成，也可认定满足本款要求。

【评价方式】

1 预评价：查阅相关设计文件（含建筑适变性提升措施专项设计说明及建筑、结构、给排水、暖通、电气、装修等专业施工图文件），重点审核灵活隔断具体方式和应用比例。

2 评价：查阅建筑、结构、设备及装修竣工文件，以及建筑适变性提升措施的专项设计说明，并现场核查建筑适变措施实际情况。

4.2.7 本条适用于各类民用建筑的预评价和评价。

第1款：主要是对管材、管线、管件提出耐腐蚀、抗老化、耐久性能好的要求。

管材、管线、管件指建筑常用的各类水管、线缆等。室内给水系统应采用性能优异的铜管、不锈钢管或塑料管等，其耐久性能应优于国家标准《建筑给水排水与节水通用规范》GB 55020—2021的第3.4.2条和第4.1.1条的要求；选用的管材、管线、管件均应优于国家现行相关标准规定的参数要求。聚烯烃管道的氧化诱导时间应满足相应产品标准氧化诱导时间要求的1.5倍；聚氯乙烯雨落水管材拉伸强度保留率按现行行业标准《建筑用硬聚氯乙烯（PVC-U）雨落水管材及管件》QB/T 2480检测，应不小于90%。电气系统应采用低烟低毒阻燃型线缆、矿物绝缘类不燃性电缆、耐火电缆等，且导体材料采用铜芯。室外设备、管道及支架走道等设施应采取防腐耐老化措施，所有采用的产品均应符合国家现行有关标准规定的参数要求。为了防止电化学腐蚀，当利用建筑物基础作为接地装置时，埋在土壤内的外接导体应采用铜质材料或不锈钢材料，不应采用热浸镀锌钢材。

第 2 款：主要指建筑的各种五金配件、管道阀门、开关、龙头等活动配件。倡导选用长寿命的优质产品，当不同使用寿命的部品组合时，采用便于拆换、更新和升级的构造，为维护、更换操作提供方便条件。门窗、钢质户门、遮阳、水嘴、阀门等典型活动配件应符合相应绿色建材标准中相关耐久性指标的要求。没有相应标准的，可选用同类寿命较好产品。门窗反复启闭性能应达到相应产品标准要求的 2 倍，其检测方法应满足现行国家标准《门窗反复启闭耐久性试验方法》GB/T 29739 的要求；遮阳产品的机械耐久性应达到相应产品标准要求的最高级，其检测方法应满足现行行业标准《建筑遮阳产品机械耐久性能试验方法》JG/T 241 的要求；水嘴寿命应超出现行国家标准《陶瓷片密封水嘴》GB 18145 等相应产品标准寿命要求的 1.3 倍；阀门寿命应超出现行相应产品标准寿命要求的 1.3 倍；非接触式给水器具寿命应满足现行国家标准《非接触式给水器具　节水性能通用技术条件》GB/T 41863 中工作寿命的要求（50 万次）；便器水箱配件寿命应满足现行国家标准《卫生洁具　便器用重力式冲水装置及洁具机架》GB/T 26730 中耐用性的要求（10 万次），或者现行国家标准《卫生洁具　便器用压力冲水装置》GB/T 26750 中寿命的要求（20 万次）。80％以上的部品部件满足寿命要求方可得分。

【评价方式】

1　预评价：查阅相关设计文件（含建筑、给排水、暖通、电气、动力、装修等专业施工文件），重点审核部品部件的耐久性设计性能参数要求。

2　评价：除查阅预评价涉及的竣工文件，还应查阅第三方进场部品部件性能参数检测报告、产品说明书及有效型式检验报告、复核对应性能参数要求，并现场核查实际情况。

4.2.8　本条适用于各类民用建筑的预评价和评价。

第 1 款：按 100 年进行耐久性设计，可在造价提高有限的情况下提高结构综合性能，减少后期检测维修工程量。结构耐久性设计按国家标准《建筑结构可靠度设计统一标准》GB 50068—2018 附录 C 的结构耐久性极限状态设计的相关规定进行设计，根据不同结构材料（混凝土结构、钢结构、木结构等）采取对应的技术措施，保证结构的耐久性设计工作年限满足 100 年的要求，可得分。

第 2 款第 1 项：对于混凝土构件耐久性的提升，给出了提高钢筋保护层厚度或采用高耐久混凝土的措施。不同的钢筋保护层厚度，对耐久性的提高程度或造价的影响不同。本条款提出：混凝土构件的钢筋保护层厚度满足现行国家标准《混凝土结构耐久性设计规范》GB/T 50476 中的对应设计工作年限 100 年的相应要求时可得分；高耐久性混凝土是指满足设计要求下，结合具体的应用环境，对抗渗性能、抗硫酸盐侵蚀性能、抗氯离子渗透性能、抗碳化性能及早期抗裂性能等耐久性指标提出合理要求的混凝土。高耐久性混凝土的性能检测与试验方法应按现行国家标准《普通混凝土长期性能和耐久性能试验方法标准》GB/T 50082 的规定执行，测试结果应按现行行业标准《混凝土耐久性检验评定标准》JGJ/T 193 的规定进行性能等级划分。对应性能等级按Ⅰ～Ⅴ等第划分时，满足Ⅲ级及以上可得分。

第 2 款第 2 项：对于钢构件耐久性的提升，提出了采用耐候结构钢或耐候型防腐涂料的措施。耐候型防腐涂料是指符合现行行业标准《建筑用钢结构防腐涂料》JG/T 224 的Ⅱ型面漆和长效型底漆。

第 2 款第 3 项：对于木构件耐久性的提升方式，提出了采用防腐木材、耐久木材或耐久木制品等措施。其材质等级应符合现行国家标准《木结构设计标准》GB 50005 的有关规定。根据现行国家标准《木结构设计标准》GB 50005 的有关规定，所有在室外使用，或与土壤直接接触的木构件，应采用防腐木材。在不直接接触土壤的情况下，可采用其他耐久木材或耐久木制品。

对于采用多种类型构件的混合结构，应按不同类型构件进行具体的材料用量比例计算和评分，最终得分按照各种类型构件的材料质量进行加权平均计算，并按四舍五入法取整。

【评价方式】

1 预评价：查阅相关设计文件（含结构施工图、建筑施工图、结构计算文件等专业施工文件）。

2 评价：查阅结构竣工图、建筑竣工图材料决算清单等，并现场核查实际情况。

4.2.9 本条适用于各类民用建筑的预评价和评价。

第1款：采用的外饰面材料（如金属复合装饰材料、外墙涂料等）防水和密封材料（如防水卷材、防水涂料、密封胶等）、室内装饰装修材料（如陶瓷砖、内墙涂料、地坪涂料、集成墙面、吊顶系统等）应符合相应绿色建材标准耐久性指标的要求。采用水性氟涂料或耐候性相当的涂料，耐候性应符合行业标准《水性氟树脂涂料》HG/T 4104—2019 中耐老化 B 类产品要求。合成树脂乳液外墙涂料耐候性应满足现行国家标准《合成树脂乳液外墙涂料》GB/T 9755 中的优等品要求。采用清水混凝土可减少装饰装修材料用量，减轻建筑自重，是一种提升装饰装修耐久性的措施，因此在本款中鼓励项目结合实际情况合理使用清水混凝土，既可用于建筑外立面，也可用于室内装饰装修。外饰面用人造石材经 240 h 氙灯老化试验后，与比对样比较，不应呈现任何破裂、裂缝、气泡或表面质感变化，色差不应超过 2 CIE 单位。

第2款：主要涉及防水和密封材料。现行国家标准《绿色产品评价　防水与密封材料》GB/T 35609 对于沥青基防水卷材、高分子防水卷材、防水涂料、密封胶的耐久性提出了拉伸性能保持率、拉伸强度保持率、低温弯折性等具体指标要求，可供参考。防水和密封材料应符合绿色建材二星级以上耐久性指标。采用冷施工的铺贴防水卷材。采用耐久性好、易维护的内饰墙面或地面用粘结材料，建议尺寸在 1 000 mm 及以上的大砖采用 C2TES1 的饰面砖粘结材料。采用耐久性好、低释放的密封胶产品，应符合国家标准《胶粘剂挥发性有机化合物限量》GB 33372—2020 和行业标准《建筑用防霉密封胶》JC/T 885—2016 防霉等级 1 级以上的要求。80%以上的材料符合要求方可得分。

第 3 款：主要涉及室内装饰装修材料，放射性应满足内照射指数 $I_{Ra} \leqslant 0.9$，外照射指数 $I_{\gamma} \leqslant 1.0$。包括选用耐洗刷性≥5 000 次的内墙涂料，选用耐磨性好的陶瓷地砖（有釉砖耐磨性不低于 4 级，无釉砖磨坑体积不大于 127 mm^3），选用耐磨性好的天然石材和耐久性好的人造石材（地面用天然花岗石建筑板材耐磨性≥25 cm^{-3}，天然大理石和石灰石耐磨性≥10 cm^{-3}，天然砂岩耐磨性≥8 cm^{-3}；地面用人造石英石耐磨性≤29 mm，人造石岗石耐磨性≤33 mm，人造石实体面材耐磨性≤41 mm，水磨石耐磨性≤32 mm；台面用人造石经耐高温试验后应无破坏、无明显变色，经耐热试验后，表面应无破损、裂缝或起泡，任何变色采用研磨剂或抛光剂可除去并接近板材原状，并不影响板材的使用）。采用免装饰面层的做法（如清水混凝土、免吊顶设计），采用保温装饰一体化做法等。地库墙裙及潮湿环境机房或走道饰面涂料应选用防潮材料，其中墙裙部分有耐擦洗功能。80%以上的材料符合要求方可得分。

【评价方式】

1 预评价：查阅相关设计文件（含建筑和装修设计说明及材料表，必要时核查材料预算清单等专业施工文件）。

2 评价：查阅装饰装修竣工文件、工程材料用量清单及材料采购文件、材料性能检测报告及有关耐久性证明材料等，并现场核查实际情况。

5 健康舒适

5.1 控制项

5.1.1 本条适用于各类民用建筑的预评价和评价。

预评价时，可仅对室内空气中的甲醛、苯系物、总挥发性有机物进行浓度预评估。评价时，符合现行国家标准《建筑环境通用规范》GB 55016 和《民用建筑工程室内环境污染控制标准》GB 50325 的有关要求，视为本条达标。

本条在 2020 年版标准第 5.1.1 条的基础上发展而来。建筑室内空气中的氨、甲醛、苯系物、总挥发性有机物、氡等污染物以及吸烟（包括二手烟）对人体的危害已得到普遍共识，建筑内污染物浓度控制及禁烟控制，是实现绿色建筑的基本要求。

在项目实施过程中，即使所使用的装修材料和家具制品均满足各自污染物限量控制标准，但装修后多种类或大量材料制品的叠加使用，仍然可能造成室内空气污染物浓度超标。因此，在项目设计时就应当采取措施，对室内空气污染物浓度进行预评估，预测工程建成后的空气污染物浓度情况，指导建筑材料的使用和优化。吸烟及二手烟对人体健康同样会造成较大的危害，本市于 2017 年 3 月发布修订版的《上海市公共场所控制吸烟条例》（2022 年 10 月 28 日上海市第十五届人民代表大会常务委员会第四十五次会议第二次修正），对室内吸烟室的具体要求、室外吸烟点设置做出了详细的说明。因此，本条规定建筑室内和建筑主出入口处禁止吸烟，并设置禁烟标志。本条所述的建筑室内，主要是指公共建筑室内和住宅建筑内的公共区域。

预评价时，应综合考虑建筑情况、室内装修设计方案、装修材料的种类及使用量、室内新风量、环境温度等诸多影响因素，以各种装修材料、家具制品主要污染物释放特征（如释放速率）为基础，以“总量控制”为原则，依据装修设计方案，选择典型功能房间（卧室、客厅、办公室等）使用的主要建材（3 种～5 种）及固定家具制品，对室内空气中甲醛、苯系物、总挥发性有机物的浓度水平进行预评估。其中，建材污染物释放特性参数及评估计算方法可参考现行行业标准《住宅建筑室内装修污染控制技术标准》JGJ/T 436 和《公共建筑室内空气质量控制设计标准》JGJ/T 461 的相关规定。

评价时，应选取每栋单体建筑中具有代表性的典型房间进行采样检测，采样和检验方法应符合现行国家标准《室内空气质量标准》GB/T 18883 的相关规定；采样的房间数量不少于房间总数的 5%，且每个单体建筑不少于 3 间。

【评价方式】

1 预评价：查阅相关设计文件、装修材料种类和用量等说明文件、禁止吸烟措施以及污染物浓度预评估分析报告等。

2 评价：查阅相关竣工图、装修材料种类和用量等说明文件、禁止吸烟措施以及污染物浓度预评估分析报告等，投入使用的项目还应查阅室内空气质量检测报告和禁烟标志等。

5.1.2 本条适用于各类民用建筑的预评价和评价。

厨房、餐厅、卫生间、打印复印室、地下车库等区域都是建筑室内的污染源空间，尤其应重视垃圾临时转存点、隔油池、污水井的异味隔离措施，如不进行合理设计，会导致污染物串通至其他空间，影响人的健康。因此，不仅要对这些污染源空间与其他空间之间进行合理隔断，还要采取合理的排风措施保证室内的梯级压差控制，避免污染物扩散。例如，将厨房和卫生间等污染源的房间设置于建筑单元（或户型）自然通风的负压侧，并保证一定的压差，防止污染源空间的气味和污染物进入室内而影响室内空气质量。同时，可以对不同功能房间保持一定压差，避免气味或污染物通到室内其他空间。如设置机械排风，应保证负压，还应注意其取风口和排风口的位置，避免短路或污染。当公共卫生事件发生后，集中空调和通风系统应能采取有效措施阻断病毒、细菌及其他污染物的传播途径，以及增强空调系统的空气过滤能力。

为防止厨房、卫生间的排气倒灌，厨房和卫生间设置竖向排风道时应符合现行国家标准《住宅设计规范》GB 50096、《住宅建筑规范》GB 50368、《建筑设计防火规范》GB 50016、《民用建筑设计统一标准》GB 50352 等的规定。排气道的断面、形状、尺寸和内壁应有利于排烟（气）通畅，防止产生阻滞、涡流、串烟、漏气和倒灌等现象。其他措施还包括安装止回排气阀、防倒灌风帽等。

除此之外，电梯等人员使用频繁的封闭空间，应具备在公共卫生紧急状态下的应急通风能力。有条件时，可单独设置电梯空调系统以及杀菌装置。

【评价方式】

1 预评价：查阅污染源空间的通风设计说明及施工图、气流组织模拟分析报告。

2 评价：查阅相关竣工图、气流组织模拟分析报告、相关产品性能检测报告或质量合格证书。

5.1.3 本条适用于各类民用建筑的预评价和评价。

本条文所指的直饮水包括管道直饮水和终端直饮水设备制备的直饮水，不包括桶装水。未设置储水设施的项目，在各类用水水质满足相应的水质标准规定的前提下，本条第 3 款直接通过。

第 1 款：生活饮用水用水点出水水质的常规指标应符合现行国家标准《生活饮用水卫生标准》GB 5749 的规定。该标准对饮用水中与人群健康相关的各种因素（物理、化学和生物）做出了量值规定。

第 2 款：直饮水是以符合现行国家标准《生活饮用水卫生标准》GB 5749 水质标准的自来水或水源为原水，经再净化（深度处理）后供给用户直接饮用的高品质饮用水。直饮水系统分为集中供水的管道直饮水系统和分散供水的终端直饮水处理设备。管道直饮水系统供水水质应符合现行行业标准《饮用净水水质标准》CJ 94 的要求，该标准规定了管道直饮水系统水质标准，主要包含感官性状、一般化学指标、毒理学指标和细菌学指标等项目。终端直饮水处理设备的出水水质标准可参考现行行业标准《饮用净水水质标准》CJ 94、《全自动连续微/超滤净水装置》HG/T 4111、《家用和类似用途反渗透净水机》QB/T 4144 及《公用终端直饮水设备应用技术规程》T/CECS 468 等现行饮用净水相关水质标准和设备标准。

集中生活热水系统供水水质应满足现行行业标准《生活热水水质标准》CJ/T 521 的要求，符合其中的集中热水供应系统的生活热水原水标准、热水水质指标和水质检测方法等。

游泳池循环水处理系统水质应满足现行行业标准《游泳池水质标准》CJ 244 的要求，该标准在游泳池原水和补水水质指标、水质检验等方面做出了规定。

供暖空调循环水系统水质应满足现行国家标准《采暖空调系统水质》GB/T 29044 的要求，该标准规定了采暖空调系统的水质标准、水质检测频次及检测方法。现行国家标准《民用建筑节水设计标准》GB 50555 规定景观用水水源不得采用市政自来水和地下井水，可采用中水、雨水等非传统水源或地表水。景观水景分为非亲水性和亲水性的水景，不与人体直接接触的非亲水性景观水体，如不设娱乐设施的景观河道、人工湖泊及其他观赏性水景用水的水质，应符合现行国家标准《地表水环境质量标准》GB 3838 中规定的Ⅳ类标准。按照现行国家标准《建筑给水排水与节水通用规范》GB 55020 的规定，非亲水性的室外景观用水水源不得采用市政自来水和地下井水，因此，非亲水性室外水景应采用非传统水源或地表水补水：采用雨水补水时，回用雨水水质应符合现行国家标准《建筑与小区雨水控制及利用工程技术规范》GB

50400 的有关规定；采用建筑中水补水时，中水水质应符合现行国家标准《城市污水再生利用　景观环境用水水质》GB/T 18921 的规定。亲水性景观水体的水质应符合现行国家标准《地表水环境质量标准》GB 3838 中规定的Ⅲ类标准。对于与人体全身接触或通过人体鼻腔及口腔吸入的人造水雾的喷泉水景如冷雾喷、干泉、趣味喷泉（游乐喷泉或戏水喷泉）等，应满足现行国家标准《建筑给水排水与节水通用规范》GB 55020 的规定，其水质应符合现行国家标准《生活饮用水卫生标准》GB 5749 的要求。亲水性景观水体的补水水质也应符合现行国家标准《生活饮用水卫生标准》GB 5749 的要求。

非传统水源供水系统水质应根据不同用途的用水满足现行国家标准有关规定，如现行国家标准《城市污水再生利用城市杂用水水质》GB/T 18920、《城市污水再生利用　绿地灌溉水质》GB/T 25499 等。当同时用于多种用途时，其水质应按最高水质标准确定。

第 3 款：生活饮用水储水设施包括饮用水供水系统储水设施、集中生活热水储水设施、储有生活用水的消防储水设施、冷却用水储水设施、游泳池及水景平衡水箱（池）等。水池、水箱等储水设施的设计与运行管理应符合现行国家标准《二次供水设施卫生规范》GB 17051 的要求。2014 年 5 月 1 日起施行的《上海市生活饮用水卫生监督管理办法》（沪府令〔2014〕13 号）中第十九条规定“二次供水设施管理单位应当至少每半年对二次供水设施中的储水设施（以下简称二次供水储水设施）清洗、消毒一次”。

第 4 款：根据现行国家标准《建筑给水排水设计标准》GB 50015 的要求，水封装置是建筑排水管道系统中用以实现水封功能的装置，当构造内无存水弯的卫生器具或无水封的地漏以及其他设备的排水口或排水沟的排水口与生活污水管道或其他可能产生有害气体的排水管道连接时，必须在排水口以下设存水弯，存水弯的水封深度不得小于 50 mm。便器构造内自带水封，能够在保证污废水顺利排出的前提下，最大限度地防止排水系统中的有害气体逸入室内，避免室内环境受到污染，有效保护人体健康。便器构造内自带水封时，有效水封深度不得小于 50 mm，且不能采用活动机械密封替代水封。

第 5 款：对非传统水源的管道和设备设置明确、清晰的永久标识，可最大限度地避免在施工、日常维护或维修时发生误接、误饮、误用的情况，为用户提供健康用水保障。按照现行国家标准《建筑给水排水与节水通用规范》GB 55020 的规定，非传统水源供水管网的所有组件和附属设施的显著位置应设置耐久标识，埋地、暗敷管道应设置连续耐久标识。

中水、回用雨水等管道应为淡绿色环。当采用外壁为金属的管材时，其外壁应涂浅绿色；当采用外壁为塑料的管材时，应选用浅绿色管道，并应注明“中水”或“回用雨水”等管道名称，标识字体、大小、颜色应方便辨识且耐久。公共场所及绿化用水的非传统水源取水口应设锁具或采用专用工具才能打开的装置，并配置“禁止饮用”耐久标识。

未设置条款所述所有用水系统的项目，对应条款不参评。

【评价方式】

1 预评价：查阅给水排水施工图设计说明（包含各类用水水质要求、水处理设备工艺设计、对卫生器具和地漏水封要求的说明）、非传统水源管道和设备标识设置说明。

2 评价：查阅给水排水竣工图设计说明（包含各类用水水质要求、水处理设备工艺设计、对卫生器具和地漏水封要求的说明）、非传统水源管道和设备标识设置说明、储水设施清洗消毒管理制度、储水设施清洗消毒工作记录，并查阅各类用水的定期水质检测报告，报告取样点至少应包含水源（市政供水、自备井水等）、水处理设施出水及最不利用水点，还应现场核查非传统水源源管道和设备标识设置情况。

5.1.4 本条适用于各类民用建筑的预评价和评价。

改善建筑声环境对使用者的健康是非常必要的，建筑的室内声环境控制是项系统工程，既可能受到场地外部噪声源的影响，也可能受到建筑内部设备噪声源和工作生活产生噪声的影响。因此，建筑声环境设计应从规划布局和建筑平面降噪设计、室内噪声级控制、提高围护结构隔声能力等各方面进行综合控制，以减少噪声对人体健康的影响。

第1款：在项目规划布局、建筑分区设计时，应有利于达到良好的声学效果。规划布局时，在噪声源与噪声敏感建筑物之间布置噪声不敏感建筑和景观绿化带、设置隔声屏障等；建筑布局设计时，噪声敏感区域和产生噪声区域分区集中布置，用交通区域和混合区域分割噪声敏感区域和产生噪声区域，均是较好的防噪设计方法，如产生噪声区域直接毗邻噪声敏感区域，则需调整建筑布局设计或提供完整的隔声降噪解决方案。为了实现项目降噪规划设计，在项目规划布局和建筑总平面设计时，应识别噪声源（如交通干线、换热站等）、噪声敏感建筑物（如住宅楼、病房楼、客房楼等）、噪声不敏感建筑物（如食堂、商业建筑）、降噪措施（如绿化带、隔声屏障）；应在建筑总平面图中用不同颜色色块进行声学分区标注，噪声源用红色色块标注，噪声不敏感建筑物用黄色色块标注，降噪措施用蓝色色块标注，噪声敏感建筑物用绿色色块标注。在建筑分区设计时，识别噪声源区域（如设备机房、健身房、厨房等）、噪声敏感区域（如卧室、病房、客房等）、混合区域（如开放办公区、会议区等）、交通区域（如大堂、中庭、走廊、楼梯等）；在建筑标准层平面图或其他类似图纸中用不同颜色色块进行声学分区标注，产生噪声区域用红色色块标注，混合区域用黄色色块标注，交通区域用蓝色色块标注，噪声敏感区域用绿色色块标注。

第2款：绿色建筑项目应明确外墙、隔墙、楼板和门窗等主要建筑构件的隔声性能指标。外墙、隔墙和门窗的隔声性能指空气声隔声性能;楼板的隔声性能除了空气声隔声性能之外,还包括撞击声隔声性能。主要建筑构件隔声性能指标需要通过具体的构造做法来实现,因此本款要求明确主要建筑构件的构造做法。

【评价方式】

1 预评价:查阅建筑专业总平面声学分区标注图、建筑标准层平面或其他类似图纸声学分区标注图、主要建筑构件隔声性能计算书。

2 评价:查阅建筑专业总平面声学分区标注竣工图、建筑标准层平面或其他类似图纸声学分区标注竣工图、主要建筑构件隔声性能分析报告、隔声性能实验室检测报告或现场检测报告。

5.1.5 本条适用于各类民用建筑的预评价和评价。

本条旨在确保建筑内部各场所的照明质量达到规定的标准,从而营造舒适、健康的视觉环境。良好的室内照明设计有助于减少因照明不足或过度而产生的视觉疲劳,提高工作或生活的舒适度。

第1款:室内照明质量是影响室内环境质量的重要因素之一,良好的照明不但有利于提升人们的工作和学习效率,更有利于人们的身心健康,减少各种职业疾病。良好、舒适的照明要求在参考平面上具有适当的照度水平和分布,避免眩光,显色效果良好。各场所的照度、照度均匀度、显色指数、统一眩光值应符合现行国家标准《建筑照明设计标准》GB/T 50034 的规定。

第2款:频闪效应是一种非直接可见频闪,频率范围在80 Hz以上,可能引起身体不适及头痛,对人体健康有潜在的不良影响。人员长期停留的房间或场所指建筑内人员停留时间较长的主要功能房间,不包括地下车库、走廊、楼梯间、电梯厅等交通空间,也不包括设备机房、仓库、储物间等无人员长期停留的房间。考虑到儿童和青少年的视力尚未发育成熟,需要更严格地控制频闪,因此本条规定托儿所、幼儿园、中小学建筑主要功能房间,如各类教室、阅览室、活动室、宿舍和寝室等，采用的照明光源和灯具的SVM值不应大于1.0。

【评价方式】

1 预评价：查阅相关设计文件、照明设计计算书。

2 评价：查阅相关竣工图、照明设计计算书、现场检测报告、产品说明书及产品检验报告。

5.1.6 本条适用于各类民用建筑的预评价和评价。

建筑应满足室内热环境舒适度的要求。采用集中供暖空调系统的建筑，其房间的温度、湿度、新风量等是室内热环境的重要指标，应满足现行国家标准《民用建筑供暖通风与空气调节设计规范》GB 50736的有关规定。对于非集中供暖空调系统的建筑，应有保障室内热环境的措施或预留条件，如分体空调安装条件等。对于采用多联机的建筑，按照集中供暖空调系统建筑的要求进行考虑。

【评价方式】

1 预评价：查阅暖通空调专业设计说明、暖通设计计算书等设计文件。

2 评价：查阅暖通竣工文件、典型房间空调使用期间室内温湿度检测报告。

5.1.7 本条适用于各类民用建筑的预评价和评价。

民用建筑的热工设计与地区气候相适应，保证室内基本的热环境要求。建筑热工设计主要包括建筑物及其围护结构的保温、防热和防潮设计。

第1款：房间内表面应避免长期结露、冷凝产生霉菌或滋生各类致病菌。无论是非透明围护结构还是透明围护结构（门窗、幕墙）内表面，以及热桥部分的内表面均应符合现行国家标准《民用建筑热工设计规范》GB 50176和现行行业标准《建筑门窗玻璃幕墙热工计算规程》JGJ/T 151的要求，并进行防结露和防冷凝验算。本条“室内设计温度”对于供暖房间应取18℃，非供暖房间应取 12℃；“室内设计湿度”应根据实际情况取 30%～60%。

第 2 款：屋顶和外墙的隔热性能，对于建筑在夏季时室内热舒适度的改善，以及空调负荷的降低，具有重要意义。屋顶和外墙的热工性能不仅要满足国家现行建筑节能标准的要求，也要满足现行国家标准《民用建筑热工设计规范》GB 50176 的要求，并进行隔热性能验算，同时应满足现行国家标准《建筑环境通用规范》GB 55016 的相关要求。透光围护结构太阳得热系数与夏季建筑遮阳系数的乘积还应满足现行国家标准《民用建筑热工设计规范》GB 50176 的要求，并进行隔热性能验算，透光围护结构隔热性能要满足现行国标准《民用建筑热工设计规范》GB 50176 的要求。其中，透光围护结构太阳得热系数的计算应采用夏季计算条件，建筑遮阳系数应采用夏季时段的结果。

【评价方式】

1 预评价：查阅相关建筑设计文件、围护结构防结露验算报告、隔热性能验算报告等相关设计文件。

2 评价：查阅建筑专业竣工图和计算报告，检查建筑构造与计算报告一致性。

5.1.8 本条适用于各类民用建筑的预评价和评价。

本条强调用户个体对室内热舒适的调控性。采用个性化热环境调节装置可以满足不同人员对热舒适的差异化需求，从而最大限度地改善个体热舒适性，提高室内人员对室内热环境的满意率。

对于采用集中供暖空调系统的建筑，应根据房间、区域的功能和所采用的系统形式，合理设置可现场独立调节的热环境调节装置。对于未采用集中供暖空调系统的建筑，应合理设计建筑热环境营造方案，具备满足个性化热舒适需求的可独立控制的热环境调节装置或功能。

【评价方式】

1 预评价：查阅暖通空调设计文件，审查其主要功能房间的末端形式以及调节方式。

2 评价：查阅暖通空调竣工文件、产品说明书和合格证书。

5.1.9 本条适用于各类民用建筑的预评价和评价。

地下车库设置与排风设备联动的一氧化碳检测装置，超过一定的量值时即报警并启动排风系统。可以根据地库建筑面积大小，每 300 m^2～500 m^2 设置 1 个一氧化碳传感器。一氧化碳浓度参考国家职业卫生标准《工作场所有害因素职业接触限值　第1部分：化学有害因素》GBZ 2.1—2007 对非高原地区工作场所空气中的一氧化碳职业接触限制规定，时间加权平均容许浓度不高于 20 mg/m^3，短时间接触容许浓度不高于 30 mg/m^3。由于一氧化碳传感器主要反映地下室某区域的平均一氧化碳浓度，安装高度宜距地面 1.5 m，同时要避开送排风机附近气流直吹位置。

【评价方式】

1 预评价：查阅暖通空调、智能化等专业设计说明、施工图等设计文件。

2 评价：查阅暖通空调和智能化竣工文件、运行记录等。

5.2 评分项

Ⅰ 室内空气品质

5.2.1 本条适用于各类民用建筑的预评价和评价。

第 1 款：在本标准第 5.1.1 条基础上对室内空气污染物的浓度提出了更高的要求，具体可见本标准第 5.1.1 条内容。预评价时，可仅对甲醛、苯系物、总挥发性有机物进行浓度预评估。评价时，若项目在投入使用之前进行评价，则需在现行国家标准《建筑环境通用规范》GB 55016 规定的基础上降低 10%或 20%，方可分别得到 3 分或 6 分。

第 2 款：对颗粒污染物浓度限值进行了规定。不同建筑类型室内颗粒物控制的共性措施为：①增强建筑围护结构气密性能，降低室外颗粒物向室内的穿透。②对于厨房等颗粒物散发源空间设置可关闭的门。③对具有集中通风空调系统的建筑，应对通风系统及空气净化装置进行合理设计和选型，并使室内具有一定的正压；对于无集中通风空调的建筑，可采用空气净化器或户式新风系统控制室内颗粒物浓度。

预评价时，全装修项目可通过建筑设计因素（门窗渗透风量、新风量、净化设备效率、室内源等）及室外颗粒物水平（建筑所在地近1年环境大气监测数据），对建筑内部颗粒物浓度进行估算，预评价的计算方法可参考现行行业标准《公共建筑室内空气质量控制设计标准》JGJ/T 461 中室内空气质量设计计算的相关规定。评价时，建筑内应具有颗粒物浓度监测传感设备。系统应至少每小时对建筑内颗粒物浓度进行1次记录、存储，连续监测1年后取算术平均值，并出具报告。对于住宅建筑，应对每种户型主要功能房间进行全年监测；对于公共建筑，应每层选取1个主要功能房间进行全年监测；对于尚未投入使用或投入使用未满1年的项目，应对室内 $PM_{2.5}$ 和 PM_{10} 的年平均浓度进行预评估。

【评价方式】

1 预评价：查阅相关设计文件、装修材料种类和用量等说明文件及污染物浓度预评估分析报告等。

2 评价：查阅相关竣工图、装修材料种类和用量等说明文件及污染物浓度预评估分析报告等，投入使用的项目还应查阅室内空气质量现场检测报告、$PM_{2.5}$ 和 PM_{10} 浓度计算报告（附原始监测数据）。

5.2.2 本条适用于各类民用建筑的预评价和评价。

从源头把控，选用绿色、环保、安全的室内装饰装修材料是保障室内空气质量的基本手段。为提升家装消费品质量，满足人民日益增长的对健康生活的追求，有关部门于 2017 年先后发布了包括内墙涂覆材料、木器漆、地坪涂料、壁纸、陶瓷砖、卫生陶瓷、人造板和木质地板、防水涂料、密封胶、家具等产品在内的绿色产品评价系列国家标准。现行国家标准《绿色产品评价 人造板和木质地板》GB/T 35601、《绿色产品评价 涂料》GB/T 35602、《绿色产品评价 卫生陶瓷》GB/T 35603、《绿色产品评价 建筑玻璃》GB/T 35604、《绿色产品评价 太阳能热水系统》GB/T 35606、《绿色产品评价 家具》GB/T 35607、《绿色产品评价 绝热材料》GB/T 35608、《绿色产品评价 防水与密封材料》GB/T 35609、《绿色产品评价 陶瓷砖(板)》GB/T 35610、《绿色产品评价 纺织产品》GB/T 35611、《绿色产品评价 木塑制品》GB/T 35612、《绿色产品评价 纸和纸制品》GB/T 35613 等,对产品中有害物质种类及限量均进行了严格、明确的规定。

【评价方式】

1 预评价:查阅建筑及相关专项设计文件中对绿色产品选用的说明。

2 评价:查阅建筑竣工文件、工程材料清单中涉及的相关产品使用情况(种类、用量)和产品检验报告,并现场核实。

Ⅱ 水 质

5.2.3 本条适用于各类民用建筑的预评价和评价。

如建筑未设置生活饮用水储水设施,本条第 1 款可直接得分。

第 1 款:二次供水是目前各类民用建筑主要采用的生活饮用水供水方式。生活饮用水供水设施是建筑生活饮用水二次供水设施水质安全保障的关键环节。现行国家标准《二次供水设施卫生规范》GB 17051 和现行行业标准《二次供水工程技术规程》CJJ 140 规定了建筑二次供水设施的卫生要求和水质检测方法,建筑二次供水设施的设计、生产、加工、施工、使用和管理均应符合上述标准要求。使用符合现行国家标准《二次供水设施卫生规范》GB 17051 和现行行业标准《二次供水工程技术规程》CJJ 140 要求的成品水箱,能够有效避免现场加工过程中的污染问题,且在安全生产、品质控制、减少误差等方面均较现场加工更有优势。

第2款：随着城市规模的扩大，大体量建筑越来越多，建筑供水管网的输配水距离在增长，在输配水过程中水自身及水与管道内壁发生的物理、化学及微生物等反应引起水质恶化的可能性也在升高。采取有效措施抑制输配水过程中的水质恶化已成为建筑水质安全保障的必要环节之一。铜管、不锈钢管相对于塑料管、衬塑钢管等管材，具有强度高、耐腐蚀、不易产生二次污染及寿命长等综合优势；此外，铜管还具有抑菌作用。给水管道采用铜管或不锈钢管，成品水箱采用材质不低于不锈钢的水池或水箱，阀门采用与管材相对应的材质，加压泵过流组件采用不锈钢材质，这些措施均能够有效保障供水管网内的水质安全。

【评价方式】

1 预评价：查阅相关设计文件（含设计说明、储水设施详图、设备材料表）。

2 评价：相关竣工图（含设计说明、储水设施详图、设备材料表）、设备材料（含生活水箱、加压泵、给水管道及阀门等）采购清单或进场记录。

5.2.4 本条适用于各类民用建筑的预评价和评价。

二次供水常用的避免储水变质的主要技术措施包括储水设施分格、保证设施内水流通畅、检查口（人孔）加锁、溢流管及通气管口采取防止生物进入的措施等，且水池、水箱应设置消毒装置。根据现行国家标准《建筑给水排水设计标准》GB 50015，生活饮用水水池（箱）内的储水48 h内不能得到更新时，应设置水消毒处理装置。现行行业标准《二次供水工程技术规程》CJJ 140中明确规定，二次供水设施的水池（箱）应设置消毒装置，水箱消毒应选用具有持续消毒作用的工艺，可选用如次氯酸钠发生器、二氧化氯发生器和紫外线发生器等。

【评价方式】

1 预评价：设计评价查阅相关设计文件（二次供水系统设

备、供水管网、水量等的设计要求和相关图纸）。

2 评价：查阅相关竣工图、产品型式检验报告或产品说明书、水质检测报告、管理制度文件、运营维护记录，并现场核实。

5.2.5 本条适用于各类民用建筑的预评价和评价。

现代化的建筑给水排水管线繁多，如果没有清晰的标识，难免在施工或日常维护、维修时发生误接的情况，造成误饮误用，给用户带来健康隐患。

目前建筑行业有关部门仅对管道标记的颜色进行了规定，尚未制定统一的民用建筑管道标识标准图集。建筑内给排水管道及设备的标识设置可参考现行国家标准《建筑给水排水与节水通用规范》GB 55020、《工业管道的基本识别色识别符号和安全标识》GB 7231 以及《建筑给水排水及采暖工程施工质量验收规范》GB 50242 中的相关规定。

【评价方式】

1 预评价：查阅给排水施工图设计说明，说明中要求包含给水排水各类管道、设备、设施标识的设置说明。

2 评价：查阅给排水竣工文件，重点审核给水排水各类管道、设备、设施标识的落实情况，并现场核实。

Ⅲ 声环境与光环境

5.2.6 本条适用于各类民用建筑的预评价和评价。

国家标准《民用建筑隔声设计规范》GB 50118—2010 规定的建筑主要功能房间的室内允许噪声级已经被《建筑环境通用规范》GB 55016 替代。现行国家标准《建筑环境通用规范》GB 55016 替代规定的室外声源传入噪声、建筑设备噪声的限值是所有建筑必须达到的值，不再分为低限标准限值和高要求标准限值。为了更好地保证使用者享有宁静的声环境，绿色建筑评价时，将现行国家标准《建筑环境通用规范》GB 55016 规定的限值降低 3 dB 作为评分项。

第 1 款：主要规定了建筑物外部噪声源传播至室内的噪声限值，降低此类噪声源对主要功能房间影响主要通过提高建筑外围护结构隔声性能来实现。

第 2 款：规定了建筑物内部建筑设备产生的振动和噪声传播至主要功能房间的室内噪声限值。对于不同类型建筑设备产生的噪声，应采取不同的降噪措施，例如：对于各类风机沿通风管道传播的噪声，应通过消声设计来降低其产生的噪声干扰；对于建筑设备产生振动随结构传播产生的结构噪声，应通过隔振设计来降低其产生的噪声干扰。对于有些设备或机房噪声，可能需要采用吸声、消声、隔声与隔振等综合降噪处理才能达到降低噪声的目的。

对于现行国家标准《建筑环境通用规范》GB 55016 没有涉及的类型的功能房间的噪声限值，可对照相似类型房间的要求评价。

【评价方式】

1 预评价：查阅相关设计文件、噪声分析报告。

2 评价：查阅相关竣工图、室外声源传入噪声与建筑设备噪声现场检测报告。

5.2.7 本条适用于各类民用建筑的预评价和评价。

对于住宅建筑，综合考虑技术可达性和经济性，并参考现行国家标准《民用建筑隔声设计规范》GB 50118 及现行上海市工程建设规范《住宅设计标准》DGJ 08—20 中的要求后进行适度的提升。

对于公共建筑，本条中的“房间之间空气声隔声”和“楼板撞击声隔声”性能提升参照指标限值，指现行国家标准《民用建筑隔声设计规范》GB 50118 中的低限标准限值。

对于现行国家标准《民用建筑隔声设计规范》GB 50118 没有涉及的类型建筑的围护结构构件隔声性能，可对照相似类型建筑的要求评价。

【评价方式】

1 预评价：查阅相关专业设计文件、构件隔声性能的计算报告。

2 评价：查阅相关专业竣工图、构件或房间之间隔声性能的现场检测报告。

5.2.8 本条适用于各类民用建筑的预评价和评价。

天然采光不仅有利于照明节能，而且有利于增加室内外的自然信息交流，改善空间卫生环境，调节空间使用者的心情。本条对住宅建筑和公共建筑达到采光要求的采光区域提出了要求，以便更为全面地评价室内采光质量。对于大进深、地下空间宜优先通过合理的建筑设计（如下沉庭院、采光天窗、采光井）改善天然采光条件，且尽可能地避免出现无窗空间。对于无法避免的情况，鼓励通过导光管、棱镜玻璃等合理措施充分利用天然光，促进人们的舒适健康，但此时应对无法避免因素进行解释说明。

第1款和第2款针对住宅建筑和公共建筑分别提出评价要求。

第1款：上海地区住宅建筑起居室和卧室形状规整，计算分析的结果和大量实测数据表明，在房间窗地比大于1/6乘以光气候系数1.1（上海地区属于Ⅳ类光气候分区，窗地比面积还应考虑光气候系数1.1）的情况下，房间平均采光小时数能够满足现行国家标准《建筑环境通用规范》GB 55016的相关规定，也能满足室内空间至少60%的面积比例区域的采光照度值低于300 lx的小时数平均不少于8 h/d。因此，依据上海实际情况，以窗地比作为住宅建筑的评价指标提高了项目设计过程中的便捷性，同时也保证了采光舒适度。对于室外遮挡较为严重、采光部分透射比小于等于0.6或设置有阳台等情况下，应结合实际情况进行采光模拟计算。

第 2 款：本条基于现行国家标准《建筑环境通用规范》GB 55016 的相关规定，对采光达标面积比例做出了得分规定。采光模拟应符合现行行业标准《民用建筑绿色性能计算标准》JGJ/T 449 的相关规定。采光相关指标的计算过程中，相关参数应设定为：地面反射比 0.3，墙面 0.6，外表面 0.5，顶棚 0.75。外窗的透射比应根据设计图纸确定。如果设计图纸中涉及的相关参数有所不同，需提供材料检测报告。

过度阳光进入室内会造成强烈的明暗对比，影响室内人员的视觉舒适度。因此，在充分利用天然光资源的同时，还应采取必要的措施控制主要功能房间的不舒适眩光，如室外可调或固定遮阳、室内遮阳卷帘、室内可调百叶等。横向控制的窗帘，由于无法在遮挡直射光眩光同时，保证室内自然采光，不作为有效的眩光控制措施。同时，应符合现行国家标准《建筑采光设计标准》GB 50033 中控制不舒适眩光的相关规定。

在进行窗地比校核计算和采光系数模拟计算时，均应考虑上海地区所处光气候区的修正系数 $K=1.1$。采用光导管采光时，应考虑光导管有效受光面积比。

【评价方式】

1 预评价：查阅相关建筑平面图、立面图、门窗表及窗地比计算书、采光模拟分析报告等。

2 评价：查阅建筑专业竣工图、采光检测报告。

Ⅳ 室内热湿环境

5.2.9 本条适用于各类民用建筑的预评价和评价。

第 1 款：上海地区在过渡季节，适宜采用自然通风或复合通风方式。评价时，以建筑物内主要功能房间或区域为对象，以气象学上给出的过渡季节为评价范围，按主要功能房间或区域的面积加权计算满足舒适性热舒适区间的时间百分比进行评分。建筑主要功能房间室内热环境参数在适应性热舒适区域的时间比例，指主要功能房间室内温度达到适应性舒适温度区间的小时数占建筑过渡季节运行小时数的比例。适应性热舒适温度区间可根据室外月平均温度进行计算。当室内平均气流速度 $v_a \leqslant 0.3$ m/s 时，舒适温度为图 1 中的阴影区间。当室内温度高于25℃时，允许采用提高气流速度的方式来补偿室内温度的上升(如采用吊扇或工位风扇等方式)，即室内舒适温度上限可进一步提高，提高幅度如表 1 所示。若项目设有风扇等个性化送风装置，室内气流平均速度采用个性化送风装置设计风速进行计算；若没有个性化送风装置，室内气流平均速度采用 0.3 m/s 以下进行分析计算。

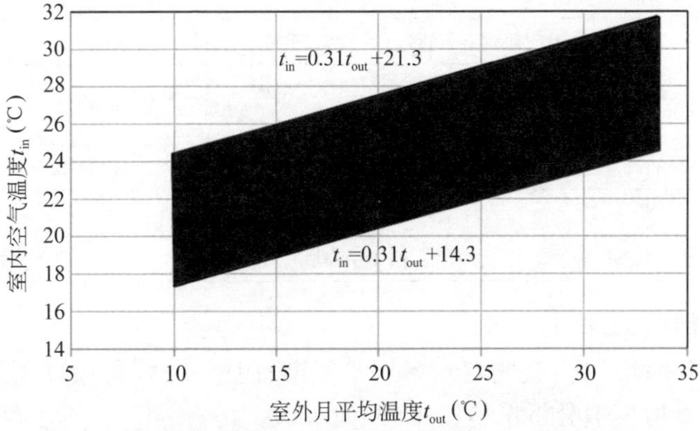

图 1　过渡季节建筑室内舒适温度范围

表 1　室内平均气流速度对应的室内舒适温度上限值提高幅度

室内气流平均速度 v_a(m/s)	$0.3 < v_a \leqslant 0.6$	$0.6 < v_a \leqslant 0.9$	$0.9 < v_a \leqslant 1.2$
舒适温度上限提高幅度 Δt(℃)	1.2	1.8	2.2

第 2 款：人工冷热源热湿环境整体评价指标应包括预计平均热感觉指标(PMV)和预计不满意者的百分数(PPD)，PMV-PPD的计算程序应按国家标准《民用建筑室内热湿环境评价标准》GB/

T 50785—2012 附录 E 的规定执行。对于空调区域，还应确保气流组织合理，避免造成冷吹风感。本款以建筑物内主要功能房间或区域为对象，以达标面积比例为评价依据。

第 3 款：考虑大部分建筑运行模式为过渡季节采用自然通风或复合通风，冬、夏季采用供暖空调系统，因此本款给出了依据运行模式所占时间比例进行加权平均计算的得分判定方法。

为了明确模拟的边界条件，避免进行 PMV 验算时的随意性，应在模拟时根据表 2 中的数据确定服装热阻。

表 2　进行 PMV 验算时的服装热阻取值

工况	建筑类型	服装热阻取值（clo）
供暖工况	采用空气调节装置进行供暖的建筑	1.4～1.5
	采用集中供暖的建筑或采用户式地板辐射供暖的住宅建筑	≤1.0
	老年人照料设施建筑	1.5～2.0
空调工况	设计空调的建筑	0.4～0.5
其他	参照国家标准《民用建筑室内热湿环境评价标准》GB/T 50785—2012 附录 C	

【评价方式】

1　预评价：查阅建筑各层平面图、门窗表、暖通设计图纸以及热舒适模拟分析报告。

2　评价：查阅建筑专业、暖通专业竣工图和热舒适模拟分析报告，必要时现场核查热舒适措施。

5.2.10　本条适用于各类民用建筑的预评价和评价。

良好的自然通风设计可以有效改善室内热湿环境和空气品质，提高人体舒适性。已有研究表明，在自然通风条件下，人们感觉热舒适和可接受的环境温度要远比空调采暖室内环境设计标准限定的热舒适温度范围来得宽泛。当室外温湿度适宜时，良好的通风效果还能够减少空调的使用。

第 1 款：主要通过通风开口面积与房间地板面积的比值进行

简化判断。对于住宅建筑而言，一旦形成“穿堂风”，通风的除污排热效果就会显著提升，因此良好的通风路径户型是指具有南北、东西或其他的对向贯通的通风口的户型；或者通过 CFD 计算，有效利用了过渡季节第 1、2 主导风向下建筑正压和负压区的户型。本款要求住宅建筑需计算每个户型主要功能房间（卧室、起居室、书房）的通风开口面积与该房间地板面积的比例。对于通风开口面积的确定，当平开门窗、悬窗、翻转窗的最大开启角度小于 45°时，通风开口面积应按照外窗可开启面积的 1/2 计算，或根据实际有效通风面积计算。宿舍建筑及住宅式公寓等非住宅类居住建筑按照本款要求执行。

第 2 款：主要针对公共建筑。对于部分大体量的建筑，例如大进深、由于安全等原因无法保证开窗通风满足自然通风要求的建筑，应采用通风器、通风吊顶、双层皮幕墙等方式进行通风优化设计或创新设计，以保证建筑在过渡季典型工况下平均自然通风换气次数大于 2 次/h。公共建筑需对过渡季节典型工况下主要功能房间的平均自然通风换气次数进行模拟（对于高大空间，主要考虑 3 m 以下的活动区域）。当评估单个计算区域或房间内空气混合均匀时的建筑各区域或房间自然通风效果时，宜采用区域网络模拟方法；当描述单个区域或房间内的自然通风效果时，宜采用 CFD 分布参数计算方法。具体计算可参照行业标准《民用建筑绿色性能计算标准》JGJ/T 449—2018 第 6.2.2 条、第 6.2.3 条的相关规定；当公共建筑层数超过 18 层时，只计算 18 层及以下楼层自然通风换气次数不小于 2 次/h 的面积比例。

【评价方式】

1 预评价：查阅建筑各层平面图、门窗表、自然通风模拟分析报告。

2 评价：查阅建筑专业竣工图和自然通风模拟分析报告。

5.2.11 本条适用于各类民用建筑的预评价和评价。

本条所述的可调节遮阳设施包括活动外遮阳设施（含电致变

色玻璃)、中置可调遮阳设施(中空玻璃夹层可调内遮阳)、有效的固定外遮阳(含建筑自遮阳)加内部高反射率(全波段太阳辐射反射率大于 0.50)可调节遮阳设施、可调高反射率内遮阳设施(包括活动百叶和窗帘)等。其中,固定外遮阳指建筑设计包含 300 mm 以上的挑檐、阳台或立面构造。对于可调高反射率内遮阳措施,应在建筑设计图纸中明确有安装才可算作可调节遮阳设施。本条所述的外窗包含立面外窗和屋顶天窗。

遮阳设施的面积占外窗透明部分比例 S_z 按下式计算:

$$S_z = S_{z0}\eta \tag{1}$$

式中:η——遮阳方式修正系数。对于活动外遮阳设施,η 为 1.2;对于中置可调遮阳设施,η 为 1;对于固定外遮阳加内部高反射率可调节遮阳设施,η 为 0.8;对于可调高反射率内遮阳设施,η 为 0.6。

S_{z0}——遮阳设施应用面积比例。活动外遮阳、中置可调遮阳和可调内遮阳设施,可直接取其应用外窗的比例,即装置遮阳设施外窗面积占所有外窗面积的比例;对于固定外遮阳加内部高反射率可调节遮阳设施,按大暑日 9:00—17:00 之间各整点时刻的有效遮阳面积比例平均值进行计算,即该期间各整点时刻遮阳构件在所有外窗的投影面积占所有外窗面积比例的平均值。

对于北偏东 30°至北偏西 30°范围内的透明围护结构,不计入遮阳面积比例的计算。

【评价方式】

1 预评价:查阅各层建筑平面图、遮阳节点设计资料、建筑立面图、装修设计文件有关内遮阳设计的资料,产品说明书、遮阳有效性计算书。

2 评价:查阅建筑专业竣工图、内装图纸、实际采购产品的说明书,必要时现场核查遮阳措施。

6 生活便利

6.1 控制项

6.1.1 本条适用于各类民用建筑的预评价和评价。

为老年人、行动不便者提供活动场地及相应的服务设施和方便、安全的无障碍的出行环境，营造全龄友好的生活居住环境是城市建设不容忽略的重要问题。尤其是上海地区，更应体现人文关怀。

场地内各主要游憩场所、建筑出入口、服务设施及城市道路之间要形成连贯的无障碍步行路线。同时，建筑的道路、绿地、停车位、出入口、门厅、走廊、楼梯、电梯、厕所等建筑室内外公共区域均应方便老年人、行动不便者及儿童等人群的通行和使用，应按照现行国家标准《建筑与市政工程无障碍通用规范》GB 55019 的规定配置无障碍设施，实现场内的城市街道、室外活动场所、停车场所、各类建筑出入口和公共交通站点之间步行系统的无障碍联通。无障碍系统应保持连续性，如建筑场地的无障碍步行道应连续铺设，不同材质的无障碍步行道交接处应避免产生高差，所有存在高差的地方均应设置坡道，并应与建筑场地外无障碍系统连贯连接。住宅建筑内的电梯不应平层错位，电梯的无障碍设计应满足现行上海市工程建设规范《住宅设计标准》DGJ 08—20 的相关要求。建筑室内有高差的地方，也应设置坡道方便轮椅上下。

【评价方式】

1 预评价：查阅建筑专业的设计说明、总平面图、建筑出入口及其他室内公共区域平面图、无障碍设计详图、电梯详图、场地竖向设计施工图（应体现建筑主要出入口、人行通道、室外活动场地等部位的无障碍设计内容）、室外景观园林专业平面施工图（包含场地人行通道、室外绿化小径和活动场地的无障碍设计）等设计文件。

2 评价：查阅建筑专业的设计说明、总平面图、建筑出入口及其他室内公共区域平面图、无障碍设计详图、电梯详图、场地竖向设计竣工图（应体现建筑主要出入口、人行通道、室外活动场地等部位的无障碍设计内容）、室外景观园林专业平面竣工图（包含场地人行通道、室外绿化小径和活动场地的无障碍设计）等竣工文件，还应现场核查无障碍设计重点部位。

6.1.2 本条适用于各类民用建筑的预评价和评价。

绿色建筑应首先满足使用者绿色出行的基本要求。根据《上海市公共汽车和电车客运服务规范》（沪道运行规〔2023〕3 号）规定，“公交站点应当与轨道交通车站结合考虑设置，设置应当便民，原则上内环内区域 300 米服务半径全覆盖，其余区域的城市建成区 500 米服务半径全覆盖”。在项目规划布局时，应充分考虑场地步行出入口与公共交通站点的有机联系，创造便捷的公共交通使用条件，此处 500 米指的是步行距离。当有些项目确因地处新建区域暂时无法提供公共交通服务时，应配备专用接驳车联系公共交通站点，以方便建筑使用者利用公交出行。制定了专用接驳车服务实施方案并向社会或相关受众公示、能够提供定时定点接驳服务的建设项目，视为本条达标。

【评价方式】

1 预评价：查阅建设项目规划设计总平面图、场地周边公共交通设施布局示意图等规划设计文件，重点审核场地到达公交站点的步行线路、场地出入口到达公交站点的距离；查阅提供专用接驳车服务的实施方案（如必要）。

2 评价：查阅建设项目场地出入口与公交站点的实际距离等相关证明材料；还可查阅提供专用接驳车服务的落实证明（如

必要)，并现场核查。

6.1.3 本条适用于各类民用建筑的预评价和评价。

本条旨在保障电动汽车安全使用，鼓励使用低碳交通工具，同时保障残障人士的出行权益。

电动汽车停车位及充电设施配置应符合现行上海市工程建设规范《电动汽车充电基础设施建设技术标准》DG/TJ 08—2093 的相关要求。

充电设施供电系统应符合现行行业标准《电力设备典型消防规程》DL 5027 的有关规定，建设中应符合消防安全、供用电安全、环境保护的要求。

无障碍机动车停车位应根据现行国家标准《建筑与市政工程无障碍通用规范》GB 55019 的要求，将通行方便、路线短的停车位设为无障碍机动车停车位：总停车数量在 100 辆以下时应至少设置 1 个无障碍机动车停车位，100 辆以上时应设置不少于总停车数 1%的无障碍机动车停车位。

【评价方式】

1 预评价：查阅建筑专业施工图中电动汽车停车位和无障碍停车位设计内容，电气专业施工图中充电设施条件、配电系统要求、布线系统要求、计量要求等设计内容。

2 评价：查阅建筑专业竣工图中电动汽车停车位和无障碍停车位设计内容，电气专业竣工图中充电设施条件、配电系统要求、布线系统要求、计量要求等设计内容，并现场核查电动汽车停车位和无障碍停车位的设置情况。

6.1.4 本条适用于各类民用建筑的预评价和评价。

本条旨在为使用非机动车出行的人提供方便的停车场所，以此鼓励绿色出行。现行国家标准《城市步行和自行车交通系统规划标准》GB/T 51439 规定，自行车停放空间应满足各类自行车的停放需求。自行车停放设施，应靠近目的地设置，并与其他交通方式便捷衔接。现行国家标准《城市综合交通体系规划标准》GB/

T 51328 规定，非机动车停车场应满足非机动车的各类停放需求，宜在地面设置，并与非机动车交通网络相衔接。非机动车停车场所应规模适度、布局合理，符合使用者出行习惯。

现行上海市工程建设规范《建筑工程交通设计及停车库（场）设置标准》DG/TJ 08—7 对非机动车停车位的数量和场所设置提出具体要求，项目根据现场实际情况进行布置，设置的数量满足交通评价的要求。非机动车停车充电设施的防火消防设计应满足现行上海市工程建设规范《电动自行车集中充电和停放场所设计标准》DG/TJ 08—2451 的要求。

【评价方式】

1 预评价：查阅建设项目规划设计总平面图中的非机动车库（棚）位置、地面停车场位置，非机动车库（棚）及附属设施施工图。

2 评价：查阅建设项目规划设计总平面图中的非机动车库（棚）位置、地面停车场位置，非机动车库（棚）及附属设施竣工图，并现场核查非机动车停车场设置情况。

6.1.5 本条适用于各类民用建筑的预评价和评价。

本条旨在通过完善和落实建筑设备管理系统的自动监控管理功能，确保建筑物的高效运营管理。当公共建筑的面积不大于 20 000 m^2 或住宅建筑面积不大于 100 000 m^2 且未采用集中空调、建筑设备形式较为简单（例如全部采用分散式房间空调器或自带监控系统的多联机、未设置公共区域和夜景照明、未单设水泵）时，对于其公共设施的监控可以不设建筑设备自动监控系统，但应设置简易的节能控制措施，如对风机水泵的变频控制、简单的单回路反馈控制等，也都能取得良好的效果，本条也可通过。

为确保建筑高效运营管理，建筑设备管理系统的自动监控管理功能应能实现对主要设备的有效监控。现行国家标准《建筑电气与智能化通用规范》GB 55024 对建筑设备管理系统提出如下设计规定：①应支持开放式系统技术；②应具备系统自诊断和故障部件自动隔离、自动唤醒、故障报警及自动监控功能;③应具备参数超限报警和执行保护动作的功能,并反馈其动作信号;④建筑设备管理系统与其他建筑智能化系统关联时,应配置与其他建筑智能化系统的通信接口。现行国家标准《建筑节能与可再生能源利用通用规范》GB 55015 要求建筑面积不低于 20 000 m^2 且采用集中空调的公共建筑,应设置建筑设备监控系统。现行行业标准《建筑设备监控系统工程技术规范》JGJ/T 334 中指出不同建筑设备的监控功能要求不尽相同,需要根据被监控设备种类和实际项目需求进行确定,并给出不同建筑设备常见的监控功能要求,可用于指导相关系统设计落实。

【评价方式】

1 预评价:查阅建筑设备自控系统的设计说明、系统图、监控点位表、平面图、原理图等设计文件以及相关设备使用说明书等。智能化、装修等专业的信息网络系统设计文件,包括设计说明、系统图、机房设计、主要设备及参数等。

2 评价:查阅建筑设备自控系统的设计说明、系统图、监控点位表、平面图、原理图等竣工文件以及相关设备使用说明书等。智能化、装修等专业信息网络系统竣工文件,包括设计说明、系统图、机房设计、主要设备及参数等,如已投入使用,还应查阅运行记录和运行分析报告,并现场核查建筑设备自动监控系统情况。

6.2 评分项

Ⅰ 出行与服务

6.2.1 本条适用于各类民用建筑的预评价和评价。

优先发展公共交通是缓解城市交通拥堵问题的重要措施,因此建筑与公共交通连接的便捷程度很重要。为便于选择公共交通出行,在选址与场地规划中应重视建筑场地与公共交通站点的便捷连接,合理设置出入口。公共交通站点包括公共汽车站点和轨道交通站点。

【评价方式】

1 预评价：查阅建设项目规划设计总平面图、场地周边公共交通设施布局示意图等规划设计文件，重点审核场地到达公交站点的步行线路、场地出入口到达公交站点的距离以及公交线路的设置情况。

2 评价：查阅建设项目场地出入口与公交站点的实际距离、公交线路的设置情况等相关证明材料，并现场核查。

6.2.2 本条适用于各类民用建筑的预评价和评价。

第1款：建筑内公共区域应结合装修设计，保证在建筑行动流线上的使用安全。本款主要要求在学校、幼儿园、商业、娱乐、住宅等建筑中，在人流量大且集中的建筑出入口、门厅、走廊、楼梯等室内公共区域中，与人体高度接触较多的墙、柱等公共部位的阳角均采用圆角或防撞条，可以避免棱角或尖锐突出物给使用者，尤其是老人、行动不便者及儿童带来的安全隐患。当公共区域室内阳角为大于90°的钝角时，可不做圆角要求。同时，安全抓杆或扶手属于无障碍设施，主要使用在过道走廊两侧、公共卫生间墙面等位置，是一种帮助老年人、儿童和残障人士行走和上下的公共设施。设置具有防滑功能的，连贯、牢固、易于抓握的安全抓杆或扶手，有利于提高老年人和儿童的活动范围和保证基本安全。对于一般公共区域，结合室内装修也可通过装饰部品设置隔绝，避免产生危险。

第2款：两层及两层以上的建筑单体应至少设有1部无障碍电梯，其中住宅建筑应每单元设置可容纳担架的电梯，公共建筑至少应设有1部可容纳担架的电梯，轿厢尺寸应满足现行国家标准《建筑与市政工程无障碍通用规范》GB 55019的相关要求。如采用宽轿厢，深度不应小于1.50 m，宽度不应小于1.60 m；如采用深轿厢，深度不应小于2.10 m，宽度不应小于1.10 m。

【评价方式】

1 预评价：第 1 款查阅室内装修专业的设计说明、室内公共区域装修平面图、墙柱等阳角节点设计详图、室内抓杆或扶手节点等无障碍设计设计详图、装修设计材料表等设计文件；第 2 款查阅建筑及室内装修专业设计施工图、无障碍电梯室内设计详图。

2 评价：查阅室内装修专业竣工文件和电梯产品说明书，并现场核查。

6.2.3 本条适用于各类民用建筑的预评价和评价。

第 1 款：与现行行业标准《社区生活圈规划技术指南》TD/T 1062 以及 2023 年上海市规划资源局发布的《上海市"15 分钟社区生活圈"行动工作导引》要求进行了对接，在市民步行 15 分钟可达的空间范围内，完善教育、文化、医疗、养老、休闲及就业创业等基本服务功能，形成"宜居、宜业、宜游、宜学、宜养"的社区生活圈，构建以人为本、低碳韧性、公平包容的"社区共同体"。本条选取了居民使用频率较高或对便利性要求较高的配套设施进行评价，突出步行可达为便利性原则，有利于节约能源、保护环境。包括了全年龄段学习空间、各类群众文化活动设施、老年人日间照料中心等公共服务设施的评价内容，强化了对公共服务水平的评价。其中，商业服务设施含便民商店、室内菜场、社区食堂等，医院含卫生服务中心、社区医院等，群众文化活动设施含文化馆、文化宫、文化活动中心、老年人或儿童活动中心。

第 2 款："至少兼容两种面向社会的公共服务功能"是指主要服务功能在建筑内部混合布局、可供不同业主单位共同使用或向社会公众开放的建筑空间，如建筑中设有共用的会议设施、展览设施、健身设施、餐饮设施等以及交往空间、休息空间等空间，提供休息座位、家属室、母婴室、活动室等人员停留、沟通交流、聚集活动等与建筑主要使用功能相适应的公共空间。

公共服务功能设施向社会开放共享的方式也具有多种形式，

可以全时开放，也可以根据自身使用情况错时开放。例如，学校建筑中的文化活动中心、图书馆、体育运动场、体育馆等，通过科学管理错时向社会公众开放；办公建筑的室外场地、停车库等在非办公时间向周边居民开放；会议室等向社会开放等。根据上海市工程建设规范《电动汽车充电基础设施建设技术标准》DG/TJ 08—2093—2019(2021 年局部修订)，办公场所、独立用地公共停车场、商业、公建等公共停车场充电设施配置“一类地区具有充电设施的停车位不应少于总停车位的 15%；二类地区具有充电设施的停车位不应少于总停车位的 12%；三类地区具有充电设施的停车位不应少于总停车位的 10%。具有非车载充电机的充电停车位的数量不应少于总充电停车位的 30%”。本条得分项要求具备充电功能的停车位和非车载充电机的充电停车位的比例在满足标准的基础上进一步提升 5%。

周边 500 m 范围内设有社会公共停车库(场)，鼓励社会设施共享共用。城市步行公共通道等评价内容，是为了保障和提高城市公共空间步行系统的完整性和连续性，为城市居民的出行提供便利、提高通达性。为实现人车分流，缓解交通拥堵地区的道路交通压力，改善行人出行条件，在场地内设置人行天桥或地道，形成连续、完善、安全、舒适的慢行系统，鼓励地块内多栋建筑的连接性，或串联周边商业、办公楼、公共活动中心区和公交站点。非机动车停车充电设施数量和位置应满足现行上海市工程建设规范《电动自行车集中充电和停放场所设计标准》DG/TJ 08—2451 的要求。本款对于中小学、幼儿园、社会福利设施等公共服务设施，因建筑使用功能的特殊性，本条第 2 款第 1、2、5、6 项可直接判定为满足要求。

宿舍等非住宅类居住建筑，可参照本条第 1 款住宅建筑进行得分评价。

【评价方式】

1 预评价：查阅建筑专业总平面施工图、公共服务设施布局图、位置标识图等规划设计文件。

2 评价:查阅建筑专业竣工图、设施向社会开放共享的管理办法、实施方案、使用说明、工作记录等,并现场核查场地出入口距离公共服务设施步行距离、设施类型、数量等设置情况。

6.2.4 本条适用于各类民用建筑的预评价和评价。

随着对健康生活的重视,人们对健身活动越来越热衷。健身活动有利于人体骨骼、肌肉的生长,增强心肺功能,改善血液循环系统、呼吸系统、消化系统的机能状况,有利于人体的生长发育,提高抗病能力,增强有机体的适应能力。室外健身可以促进人们更多地接触自然,提高对环境的适应能力,也有益于心理健康,对保障人体健康具有重要意义。

第1、2款:要求设置室内外健身活动区,室外健身活动区要求设置在项目红线范围内。根据《上海市体育设施管理办法》(沪府令〔2018〕1号),新建居民住宅区配套建设的体育设施,可以根据需要,设置在室内或者室外。设置在室内的,人均建筑面积不低于0.1 m^2;设置在室外的,人均用地面积不低于0.3 m^2。羽毛球场地、篮球场地、乒乓球室、瑜伽练习室、游泳馆、跳操室、广场舞场地、武术场地等球类运动和集体运动场地也可算作运动场地,但不含健身步道、跑道、自行车道等。

第3款:健身慢行道是指在公共场合设置的供人们行走、慢跑的专门道路。健身慢行道应尽可能避免与场地内车行道交叉,步道宜采用弹性减振、防滑和环保的材料,如塑胶、彩色陶粒等。步道宽度不少于1.25 m,源自原建设部以及国土资源部联合发布的《城市社区体育设施建设用地指标》(建标函〔2005〕156号)的要求。如果附近的其他建筑场地、广场、公园设有健身步道,其步道最近位置距离项目场地出入口不大于1 km,可算入本条的健身步道。如果项目室内设置有健身步道,如结合商业步行街设置,也可以算入本条的健身步道。

第4款:提出以场地主要出入口步行300 m即可到达任何一

个城市公园绿地，居住区公园（社区公园）应符合现行国家标准《城市居住区规划设计标准》GB 50180 的有关规定，其用地面积应大于或等于 4 000 m^2。

第 5 款：结合周边公共服务设施配置，进行健身活动。强调了城市公共开敞空间、运动场所的便捷性、可达性。根据现行国家标准《城市居住区规划设计标准》GB 50180 的规定，本标准提出步行 500 m 应能够到达一处中型多功能运动场地（大约 1 300 m^2～2 500 m^2，集中设置了篮球、排球、五人足球的运动场地），或是其他对外开放的专用运动场，如学校对外开放、符合中型多功能运动场地要求的运动场，以及设置了运动场地的体育建筑（配有 400 m 跑道运动场并可开展足球、篮球、排球等运动），均可评价为符合得分要求。

第 6 款：设置便捷、舒适的日常使用楼梯，可以鼓励人们减少电梯的使用，在日常生活中就能有效消耗热量，增强人体新陈代谢的速度，增强韧带的力量，并在健身的同时节约电梯能耗。鼓励将日常使用的楼梯设置在靠近该栋建筑主入口的地方。楼梯间内有天然采光通风、有良好的视野和人体感应灯，可以提高楼梯间锻炼的舒适度。本条要求一栋建筑至少有 1 个楼梯满足条文要求。

【评价方式】

1 预评价：查阅建筑专业总平面图、景观专业施工图（包含健身设施布局、健身慢行道路线、健身设施场地布置等）、建筑专业施工图（含平面功能布局、楼梯间位置）、电气专业施工图（含楼梯间照明系统设计等内容），以及相关产品说明书，场地周边健身设施布局图/规划图、步行路线图、位置标识图等规划设计文件。

2 评价：查阅规划、建筑、景观专业竣工文件，相关产品说明书及周边设施影像图片，并现场核查运动场地和空间设置情况。

Ⅱ 智能化系统

6.2.5 本条适用于各类民用建筑的预评价和评价。

本条旨在保障且体现绿色建筑达到预期的运营效果，建筑至少应对建筑最基本的能源资源消耗量设置管理系统。但不同规模、不同功能的建筑项目需设置的系统大小及是否需要设置应根据实际情况合理确定。

第1款：要求设置电、外供热源、外供冷源及各类可再生能源的能耗计量系统和能源管理系统。计量系统是实现运行节能、优化系统设置的基础条件；能源管理系统使建筑能耗可知、可见、可控，从而达到优化运行、降低消耗的目的。冷热源、输配系统和电气等各部分能源应进行独立分项计量，并能实现远传。其中，冷热源、输配系统的主要设备包括冷热水机组、冷热水泵、新风机组、空气处理机组、冷却塔等；电气系统包括照明、插座、动力、光伏发电等。大型公共建筑、国家机关办公建筑、由政府投资且单体建筑面积达到一定规模的公共建筑等，应按规定设置建筑能耗计量系统，且能耗数据应上传至相应监管平台。

对于住宅建筑和宿舍建筑，鉴于分户之间具有相对独立性与私密性的特点，不便对每户能耗情况实行细化监测和管理；而公共区域主要由物业管理机构进行运行维护和管理，故主要针对其公共区域提出分项计量与管理要求（如公共设备用电、动力用电、走廊和应急照明用电、室外景观照明用电等）。

计量器具应满足现行国家标准《用能单位能源计量器具配备和管理通则》GB 17167 中的要求。

本条要求在计量基础上，通过能源管理系统实现数据传输、存储、分析功能，系统可存储数据均应不少于1年。

第2款：对建筑能耗监测系统提出更高的要求，要求其能对能耗数据进行分析，如建筑能耗数据异常、单位面积能耗对比等，结合建筑自控系统，提出建筑节能管理优化建议。对于集中供暖空调的住宅建筑，应设置能耗监测管理系统。

【评价方式】

1 预评价：查阅相关专业施工图建筑能耗监测系统设计文件等。

2 评价：查阅相关专业竣工图建筑能耗监测系统设计文件、历史能耗监测数据（如有）、建筑能耗应用分析报告，并现场核查能源管理系统的功能。

6.2.6 本条适用于各类民用建筑的预评价和评价。

空气污染物传感装置和智能化技术的完善普及，使对建筑内空气污染物的实时采集监测成为可能。当所监测的空气质量偏离理想阈值时，系统应能做出警示，建筑管理方或使用方应对可能影响这些指标的系统做出及时的调试或调整。若将监测发布系统与建筑内空气质量调控设备组成自动控制系统，可实现室内环境的智能化调控，在维持建筑室内环境健康舒适的同时减少不必要的能源消耗。

为加强建筑的可感知性，本条要求住宅建筑和宿舍建筑每户均应设置空气质量监控系统，公共建筑主要功能房间（除走廊、核心筒、卫生间、电梯间等非功能空间外，承载实现相应类型建筑主要使用功能的房间）均应设置空气质量监控系统。本条要求对安装监控系统的建筑，系统至少对 PM_{10}、$PM_{2.5}$、CO_2 分别进行定时连续测量、显示、记录，在建筑开放使用时间段内，监测系统对污染物浓度的读数时间间隔不得长于 10 min。其中，CO_2 监测要求主要针对公共建筑中间歇性人员密集的主要功能房间，如大会议室、大办公室、商场、展馆、影院等。

【评价方式】

1 预评价：查阅相关专业监测系统的设计说明、监测点位图、系统功能说明书等设计文件。

2 评价：除查阅相关专业监测系统的设计说明、监测点位图、系统功能说明书等竣工文件以及有关产品型式检验报告外，如项目已投入使用，还应查阅管理制度、历史监测数据、运行记录，并现场核查。

6.2.7 本条适用于各类民用建筑的预评价和评价。

第1款：远传水表相较于传统的普通机械水表增加了信号采集、数据处理、存储及数据上传功能，可以实时地将用水量数据上传给管理系统。采用远传计量系统对各类用水进行计量，可准确掌握项目用水现状，如给水系统管网分布情况，各类用水设备、设施、仪器、仪表分布及运转状态，用水总量和各用水单元之间的定量关系。计量水表应按使用用途、付费或管理单元情况，对不同用户的用水分别设置用水计量装置。

第2款：远传水表可以实时地将用水量数据上传给管理系统。管理系统应利用计量数据进行用水合理性分析，发掘节水潜力，制定出切实可行的节水管理政策和绩效考核方法。同时，该系统应实现诊断管网漏损情况的功能，随时了解管道漏损情况，及时查找漏损点并进行整改。管网漏损率是指管网漏水量与供水总量之比，是衡量建筑供水系统供水效率的指标。建筑管网漏损率的计算方法为二级水表和一级水表计量水量的差值除以一级水表计量水量所得的比例，三级水表和二级水表计量水量的差值除以二级水表计量所得的比例，这两个计算结果均应不大于5%。对于住宅建筑，主要针对公共区域提出要求。

第3款：建筑中设有的各类供水系统均设置了水质在线监测系统，第3款方可得分。对于由水务相关部门已设置生活饮用水水质监测系统的项目，可认定生活饮用水的监测满足要求。根据相应水质标准规范要求，可选择对浊度、余氯、pH值、电导率(TDS)等指标进行监测，例如管道直饮水可不监测浊度、余氯，对终端直饮水设备没有在线监测的要求。对建筑内各类水质实施在线监测，能够帮助物业管理部门随时掌握水质指标状况，及时发现水质异常变化并采取有效措施。水质在线监测系统应有报警记录功能，其存储介质和数据库应能记录连续1年以上的运行数据，且能随时供用户查询。水质监测的关键性位置和代表性测点包括水源、水处理设施出水及最不利用水点。

【评价方式】

1 预评价：查阅包含给排水、电气、智能化专业供水系统远传计量设计图纸、计量点位说明或示意图等在内的设计文件。

2 评价：查阅给排水、电气、智能化专业竣工图、远传水表的型式检验报告、用水量远传计量系统的功能说明。如项目已投入运行，还应查阅管理制度和运行记录，并现场核查用水远传计量系统设置情况。

6.2.8 本条适用于各类民用建筑的预评价和评价。

智能化服务系统有利用提升居住和工作的安全性、便利性、舒适性或艺术性等，实现更加便捷适用的生活和工作环境。

第 1 款：本条鼓励采用智能服务系统实现对建筑室内物理环境状况、设备设施状态的监测，对智能家居或环境设备系统的监测和控制，对工作生活服务平台的访问操作，可有效地提升服务便捷性。智能化服务系统的功能包括具有家电控制、照明控制、安全报警、环境监测、建筑设备控制、工作生活服务等。住宅建筑中常见的智能化服务功能有：空调、风扇、窗帘、空气净化器、热水器、电视、背景音乐、厨房电器等的控制，照明场景控制，设备系统出现运行故障或安全隐患（包括环境参数超限）时的安全报警，室内外的空气温度、湿度、CO_2 浓度、空气污染物浓度、声环境质量等的监测，养老服务预约、就医预约等；公共建筑常见的智能化服务功能有：空调、风扇、窗帘、空气净化器等的控制，照明灯具的分区分时控制，安全报警（一般在安防系统内解决，也可设置用户端报警提示），室内外的空气温度、湿度、CO_2 浓度、空气污染物浓度、声环境质量等的监测，会议室预约、就餐预约、访客预约等。上述预约功能一般可通过在社区服务小程序 App、办公自动化 OA 系统等应用软件中增设相关服务功能模块加以实现。本款要求智能服务的内容至少达到 3 种。

为体现建筑使用便利性，本款要求住宅建筑每户户内均应设置智能化服务系统终端设备，公共建筑主要功能房间内应设置智能化服务终端设备。对于项目竣工时未设置而在运行使用后由用户自行购买安装的情况，本条预评价时不予认定。

第 2 款：智能化服务系统平台能够与所在的智慧城市（城区、社区）平台对接，则可有效实现信息和数据的共享与互通，大大提高信息更新与扩充的速度和范围，实现相关各方的互惠互利。智慧城市（城区、社区）的智能化服务系统的基本项目一般包括智慧物业管理、电子商务服务、智慧养老服务、智慧家居、智慧医院等，能够为建筑层面的智能化服务系统提供有力支撑。上海市目前所有新建楼宇都与城市智慧公安联网，因此，本款要求至少 2 个系统项目实现与智慧城市（城区、社区）平台对接。

【评价方式】

1 预评价：查阅包含智能化服务平台方案等在内的智能化及装修设计文件，重点审核其可实现的远程监控功能、接入上一级智慧平台功能等。

2 评价：查阅智能化相关竣工材料、相关产品的型式检验报告。如项目已投入使用，还应查阅智能化管理制度、历史监测数据、运行记录，并现场核查。

Ⅲ 运营管理

6.2.9 本条适用于各类民用建筑的评价。

物业管理机构包括物业服务企业或提供运行维护管理的第三方机构。

第 1 款：绿色建筑的物业管理相比于常规物业而言，需要在节能、节水、室内环境质量和绿化等方面具有较强的管理经验和能力，同时物业管理机构通过 ISO 14001 环境管理体系认证，可以提高环境管理水平，可达到节约能源、降低消耗、减少环保支出、降低成本的目的，减少由于污染事故或违反法律、法规所造成的环境风险。

物业管理机构具有完善的管理措施，定期进行物业人员的培训。ISO 9001 质量管理体系认证可以促进物业管理机构的质量管理体系的改进和完善，提高其管理水平和工作质量。

第 2 款：具有绿色建筑项目运营管理的经验，对于提升项目的管理水平具有重要意义。因此，鼓励项目选用有绿色建筑运营管理经验的物业机构及物业管理人员，提供含物业管理单位的绿色建筑评价标识证书及服务本项目的物业管理人员相关经验的证书，方可认为满足要求。

第 3 款：现行国家标准《能源管理体系要求》GB/T 23331 是在组织内建立起完整有效的、形成文件的能源管理体系，注重过程的控制，优化组织的活动、过程及其要素，通过管理措施，不断提高能源管理体系持续改进的有效性，实现能源管理方针和预期的能源消耗或使用目标。

【评价方式】

1 预评价：本条不得分。

2 评价：查阅相关认证证书、绿色建筑标识证书等，并现场核查。

6.2.10 本条适用于各类民用建筑的评价。

本条在现行国家标准《建筑节能与可再生能源利用通用规范》GB 55015 对用能设备设施运行管理要求的基础上，提出了更为全面的绿色建筑运行管理要求。

第 1 款：要求建立完善的节能、节水的操作规程，并放置、悬挂或张贴在各个操作现场的明显处。主要包括设备设施运行的节能、节水操作规程、故障诊断与处理办法等。运行管理人员应具备相关专业知识，熟练掌握有关系统和设备的工作原理、运行策略及操作规程，且应经过培训后方可担任职责。

第 2 款：要求运营管理机构在保证建筑的使用性能要求、投诉率低于规定值的前提下，经济效益与建筑用能系统的耗能状况、水资源等的使用情况直接挂钩。

【评价方式】

1 预评价：本条不得分。

2 评价：第 1 款，查阅节能、节水的相关管理制度，包括操作规程、操作人员的专业证书，节能、节水的运维管理记录。第 2 款，查阅物业管理机构的工作考核体系文件（包括业绩考核办法），并现场核查。

6.2.11 本条适用于各类民用建筑的评价。

本条根据《上海市生活饮用水卫生监督管理办法》（沪府令〔2014〕13 号），强化了对于二次供水水质的日常检测和管理，保障末端用水安全。建筑运行期间，物业管理机构应制定水质检测制度，定期检测二次供水水质，及时掌握水质安全情况，对于水质超标状况应能及时发现并进行有效处理，及时公示水质情况，避免因水质不达标对人体健康及周边环境造成危害。

二次供水设施管理单位应当按照本市生活饮用水卫生规范的要求，每季度对二次供水水质检测 1 次，并将检测结果向业主公示。二次供水水质应满足现行国家标准《生活饮用水卫生标准》GB 5749 和《二次供水设施卫生规范》GB 17051 的要求，检验应按现行行业标准《城镇供水水质标准检验方法》CJ/T 141 执行。

物业管理机构应保存历年的水质检测记录，并至少提供最近 1 年完整的取样、检测资料；对水质不达标的情况，应制定合理完善的整改方案，及时实施并记录。项目所在地卫生监督部门对项目的水质抽查或强制检测也可计入定期检测次数中。

【评价方式】

1 预评价：本条不得分。

2 评价：重点查看二次供水工作记录、水质检测档案、水质公示记录等。若项目由第三方进行水箱清洗，需提供水箱清洗单位的合同文件，并现场核查。

6.2.12 本条适用于各类民用建筑的评价。

信息化管理是实现绿色建筑物业管理定量化、精细化的重要手段，对保障建筑的安全、舒适、高效及节能环保的运行效果，提高物业管理水平和效率，具有重要作用。采用信息化手段建立完善的建筑工程及设备、能耗监管、配件档案及维修记录是极为重要的。

系统功能应与管理业务流程匹配，工作数据完整。对于物业管理信息系统而言，更应该满足物业服务流程的要求，并对关键系统运行数据进行记录留档。

【评价方式】

1 预评价：本条不得分。

2 评价：查阅建筑物及设备的配件档案和维修的信息记录，并现场核查。

6.2.13 本条适用于各类民用建筑的评价。

目前本市交付使用的工程项目存在用水分项计量数据不完整等问题，并且逐项用水定额核算实际项目的操作难度及准确度难度都较大，且较难实现项目之间的横向对比。

根据项目的业态分布、人员数量、使用时间等基本参数，基于现行国家标准《民用建筑节水设计标准》GB 50555 中的用水定额上限值、下限值和平均值，首先按用途对申报范围内的各类用水分别计算用水量；然后相加为项目整体的用水量，核算出适于本项目的用水量水平评估线；最后再将项目实际日均用水量与本项目用水量水平评估线进行比较，得出项目的整体节水水平。该方法可以解决未能实现用水分项计量的项目的用水水平评估问题，并且可以降低逐项用水定额核算在实际项目中的操作性难度和提升准确性。

此外，为了促进物业对建筑用水量的持续追踪、分析和改进，本条还要求物业提供建筑用水量分析报告，报告中应该包括用水量逐月分项分析、管网漏损率核算、分析和整改以及年度节水指标和改造计划等内容。

【评价方式】

1 预评价：本条不得分。

2 运行评价：查阅用水市政账单、建筑运行情况说明、建筑用水分析报告、实测分类用水量计量记录，并现场核查。

6.2.14 本条适用于各类民用建筑的评价。

第1款：对绿色建筑的运营效果进行评估是及时发现和解决建筑运营问题的重要手段，也是优化绿色建筑运行的重要途径。绿色建筑涉及专业面广，故制定绿色建筑运营效果评估技术方案和评估计划，是评估有序和全面开展的保障条件。本款要求运营管理机构应结合项目使用特点、能源系统构成，在执行现行国家标准《建筑节能与可再生能源利用通用规范》GB 55015对建筑能源系统运行维护和节能管理强制要求的基础上，制定完善的绿色建筑运营效果评估技术方案和评估计划。根据评估结果，可发现绿色建筑是否达到预期运行目标，进而针对发现的运营问题制定绿色建筑优化运营方案，保持甚至提升绿色建筑运行效率和运营效果。

第2款：保持建筑及其区域的公共设施设备系统、装置运行正常，做好定期巡检和维保工作，是绿色建筑长期运行管理中实现各项目标的基础。制定的管理制度、巡检规定、作业标准及相应的维保计划是使用者安全、健康的基本保障。定期的巡检包括：公共设施设备（管道井、绿化、路灯、外门窗等）的安全、完好程度、卫生情况等；设备间（配电室、机电系统机房、泵房）的运行参数、状态、卫生等；消防设备设施（室外消防栓、自动报警系统、灭火器）等完好程度、标识、状态等；建筑完损等级评定（结构部分的墙体、屋面、楼地面、幕墙，装修部分的门窗、外装饰、细木装修、内墙抹灰）的安全检测、防锈防腐等。以上内容还应做好归档和记录。

建筑的系统、设备、装置的检查及调适不仅是新建建筑试运行和竣工验收的一部分，而应是一项持续且长期的工作。建筑运行期间，所有与建筑运行相关的管理、运行状态，建筑构件的耐久性、安全性等会随时间、环境、使用需求调整而发生变化，因此建筑持续的调适工作特别重要。

第 3 款：运营管理机构有责任定期（每年）开展能源诊断。住宅类建筑能源诊断的内容主要包括能耗现状调查、室内热环境和暖通空调系统等现状诊断。住宅类建筑能源诊断检测方法可参照现行行业标准《居住建筑节能检测标准》JGJ/T 132 的有关规定。公共建筑能源诊断的内容主要包括冷水机组、热泵机组的实际性能系数、锅炉运行效率、水泵效率、水系统补水率、水系统供回水温差、冷却塔冷却性能、风机单位风量耗功率、风系统平衡度等。公共建筑能源诊断检测方法可参照现行行业标准《公共建筑节能检测标准》JGJ/T 177 的有关规定执行。

第 4 款：通过用户满意度调查，密切关注用户对于绿色性能品质方面的需求，不仅有利于建筑性能的提升，也能促进用户对建筑性能的直接感知并增添获得感，体现以人为本的理念。绿色性能满意度调查内容应至少包括室内空气品质、声环境、光环境、热湿环境、室外噪声、景观绿化、垃圾收集。调查结果、改进措施的实施和公示，有助于建筑使用者参与监督，促进建筑绿色性能品质的提升。满意度调查的抽查人数应不少于建筑使用者总人数的 10%。

【评价方式】

1 预评价：本条不得分。

2 评价：查阅相关管理制度、年度评估报告、历史监测数据、绿色性能评估报告及使用者满意度调查分析报告、调适报告、检测报告、诊断报告，并现场核查。

6.2.15 本条适用于各类民用建筑的评价。

在建筑物长期的运行过程中，用户和运营管理人员的意识与行为，直接影响绿色建筑的目标实现。同时，随着我国碳减排和

“双碳”目标的提出，宣传和普及减碳意识也对绿色建筑的长期维护和高效使用有着重要作用。因此，需要坚持倡导绿色低碳理念与绿色低碳生活方式的教育宣传制度，培训各类人员正确使用绿色减碳设施，形成良好的绿色低碳行为与风气。

第 1 款：建立绿色低碳教育宣传和实践活动机制，可以促进普及绿色低碳建筑知识，让更多的人了解绿色低碳建筑的运营理念和有关要求。了解日常生活和工作中减碳的方式方法，尤其是通过媒体报道和公开有关数据，能营造关注绿色低碳理念、践行绿色低碳行为的良好氛围。

第 2 款：鼓励形式多样的绿色低碳生活展示、体验或交流分享的渠道，包括利用实体平台和网络平台的宣传、推广和活动，如建立绿色低碳生活的体验小站、旧物置换、步数绿色减碳积分、绿色低碳小天使亲子活动等。

【评价方式】

1 预评价：本条不得分。

2 评价：第 1 款，查阅物业管理机构组织的绿色教育宣传实践活动内容和存档记录；第 2 款，查阅建立的实体或网络平台及活动开展情况，并现场核查。

7 资源节约

7.1 控制项

7.1.1 本条适用于各类民用建筑的预评价和评价。

空调全覆盖，或者简单降低夏季制冷、提升冬季供暖温度的做法不利于节能。因此，本条要求建筑应结合不同的行为特点和功能要求合理区分设定室内温度标准。在保证使用舒适度的前提下，合理设置少用能、不用能空间，减少用能时间、缩小用能空间，通过建筑空间设计达到节能效果。室内过渡空间是指门厅、中庭、高大空间中超出人员活动范围的空间，由于其较少或没有人员停留，可适当降低放宽温度标准，以达到降低供暖空调用能的目的。“小空间保证、大空间过渡”是指在设计高大空间建筑时，将人员停留区域控制在小空间范围内，大空间部分按照过渡空间设计。

人员短期逗留区域空调供冷工况室内设计参数宜比长期逗留区域提高 1℃～2℃，供热工况宜降低 1℃～2℃，人员长期逗留区空调设计参数可参考表 3 指标要求。

表 3 人员长期逗留区空调设计参数

类别	热舒适等级	温度(℃)	相对湿度(%)
供热工况	Ⅰ级	22～24	≥30
	Ⅱ级	18～22	—
供冷工况	Ⅰ级	24～26	40～60
	Ⅱ级	26～28	≤70

【评价方式】

1 预评价：查阅暖通专业相关设计文件。

2　评价：查阅暖通专业竣工图、计算书、运行记录等，必要时现场核查。

7.1.2　本条适用于各类民用建筑的预评价和评价。

空调系统的分区分级设计可以避免全空间、全时间和盲目采用高标准供暖空调设计。上海大部分项目存在供暖、空调需求，冷热源的性能系数应同时满足现行上海市节能设计标准要求。

第1款：不同朝向、不同使用时间、不同功能需求（人员设备负荷，室内温湿度要求）的区域应考虑供暖空调分区，否则会增加后期运行调控难度，也带来了能源的浪费。因此，本条要求设计应区分房间的朝向，细分供暖、空调区域，应对系统进行分区控制。对采用分体式空调以及多联式空调的建筑，可认定为满足供暖、空调分区控制的要求。

第2款：现行上海市工程建设规范《公共建筑节能设计标准》DG/TJ 08—107、《居住建筑节能设计标准》DG/TJ 08—205已经对空调冷热源性能系数、部分负荷性能系数、锅炉热效率等参数提出了要求，应按照该标准要求执行。

【评价方式】

1　预评价：查阅相关设计文件［暖通专业施工图纸及设计说明，要求有控制策略、部分负荷性能系数（*IPLV*）计算说明、电制冷冷源综合制冷性能系数（*SCOP*）计算说明、热源效率计算说明］。

2　评价：查阅相关专业竣工图、冷（热）源机组设备说明，必要时现场核查。

7.1.3　本条适用于各类民用建筑的预评价和评价。

现行国家标准《建筑节能与可再生能源利用规范》GB 55015规定了建筑照明功率密度值，本标准不再重复要求。

在建筑的实际运行过程中，照明系统的分区控制、定时控制、自动感应开关、照度调节等措施对降低照明能耗作用很明显。照明系统分区需满足自然光利用、功能和作息差异的要求。功能差异如办公区、走廊、楼梯间、车库等的分区；作息差异一般指日常工作时间、值班时间等的不同。对于公共区域（包括走廊、楼梯间、大堂、门厅、地下停车场等场所），可采取分区、定时、感应等节能控制措施。如楼梯间采取声、光控或人体感应控制；走廊、地下车库可采用定时或其他的集中控制方式。

在照明设计时，应根据照明部位的自然环境条件，结合天然采光与人工照明的灯光布置形式，合理选择照明控制模式。自然采光区域的人工照明控制应独立于其他区域的照明控制，有利于单独控制采光区的人工照明，实现照明节能。天然采光区域的界定，可按照现行国家标准《建筑采光设计标准》GB 50033 执行。

【评价方式】

1 预评价：查阅相关专业设计文件（包含电气照明系统图、电气照明平面图、照明开关连线平面图）、设计说明（需包含照明设计要求、照明设计标准、照明控制措施等）、建筑照明功率密度计算分析报告。

2 评价：查阅相关专业竣工图、设计说明（需包含照明设计要求、照明设计标准、照明控制措施等）、建筑照明功率密度检测报告，必要时现场核查。

7.1.4 本条适用于各类民用建筑的预评价和评价。

建筑用能情况较为复杂，主要包括空调系统、照明及插座系统、其他动力系统等，设置分项或分功能计量系统，有助于统计各类设备系统的能耗分布，发现能耗的不合理之处。对于能耗较大的国家机关办公建筑和大型公共建筑，进一步提出设置用能监测系统，帮助实时收集建筑能源消耗数据，及时发现异常并采取措施，减少能源的浪费和损耗。

对于公共建筑，根据上海市工程建设规范《公共建筑用能监测系统工程技术标准》DG/TJ 08—2068—2024 第 4.3.3 条，市政用电按照用途分为照明插座用电、空调用电、动力用电、特殊用电 4 个分项进行计量，低压用电计量点位通常安装设置在以下 3 个位置:一是低压配电间的 400 V 低压出线柜中空调、照明插座、动力和特殊用电的出线回路;二是区域或楼层配电柜;三是设备或用户末端配电箱。如部分子项无法实现计量的,可通过能耗拆分等方式实现节能分析和管理。

空调用电是指为建筑物提供空调、采暖的设备用电的统称。冷热站是空调系统中制备、输配冷量的设备总称,主要包括冷冻泵、冷却泵、冷却塔、热水泵、冷热源机组等。空调末端是指可单独测量的所有空调系统末端,包括全空气机组、新风机组、空调区域的排风机组、风机盘管和分体空调器等。厕所排风扇和末端风机盘管等小功率设备在电气设计上通常由照明与插座回路供电,可采用拆分的方法间接获取。例如,可以过渡季的能耗作为基准能耗,空调季高出部分的能耗则为风机盘管的能耗。

动力用电是指集中提供各种动力服务的设备(不包括空调采暖系统设备)消耗电能的统称。电梯电耗是指建筑物中所有电梯(包括货梯、客梯、消防梯、扶梯等)及其附属电梯机房专用空调等设备的耗电。给排水系统电耗是指除空调采暖系统和消防以外的所有水泵的耗电,包括自来水加压泵、生活热水泵、排污泵中水泵等设备的耗电。非空调区域通排风设备是指除空调采暖系统和消防系统以外的所有风机,如车库通风机、厕所排风机等。

特殊用电一般指除了照明插座、空调等建筑常规功能之外的耗电量。如信息机房、洗衣房、厨房餐厅、洗衣房、室内游泳池、地下车库等。信息机房可分为数据中心机房、智能化系统机房和通信机房等类别;电动汽车充电桩(反向)是供电,因此不纳入市政供电子项范畴。地下车库相较于建筑物的主要功能区域,如占地面积较大,尽管用电负荷密度小,但计入建筑总能耗则明显拉低整个建筑物实际用电负荷密度,故将地下车库也作为一个特殊区域独立进行电耗计量,包含地下车库的照明、停车机械装置等用电设备。对于医疗建筑中的医疗设备用电、剧场建筑中的舞台灯光和音响用电、体育场馆中的 LED 大屏幕和音响用电、大型商业广告照明、外供用电等，一并列入其他用电项内，具体可结合项目实际进行深化。

根据《上海市国家机关办公建筑和大型公共建筑能耗监测系统管理办法》(沪住建规范〔2018〕2 号)：单体建筑面积 1 万 m^2 以上的新建国家机关办公建筑和 2 万 m^2 以上的新建大型公共建筑应设置建筑能耗计量系统，同步建立建筑能耗监测终端，并与建筑自控系统联网，具备数据采集、储存、统计、分析及管理功能。在建筑施工阶段，同步安装建筑用能分项计量装置，确保建筑能耗数据上传至各级分平台，并向各级平台主管部门申请对建筑能耗数据联网情况进行确认，并取得相应的联网验收报告。

本条纳入计量的用能类型至少为电、外供冷量、外供热量用能分类。运行阶段需做好数据维护，并保证数据正常、稳定上传。

对于住宅建筑，不要求户内各路用电的单独分项计量，但应实现分户计量；住宅公共区域电梯和照明应进行分项计量。

【评价方式】

1 预评价：查阅电气等相关专业施工图及设计说明、分类分项计量施工图。

2 评价：查阅电气等相关专业竣工图及设计说明、分类分项计量竣工图、能耗数据上传相关证明文件、分项计量能耗监测的数据记录，必要时现场核查。

7.1.5 本条适用于各类民用建筑的预评价和评价。

无电梯和自动扶梯的建筑，本条不参评。

本条是对电梯系统的节能控制措施的要求。对于垂直电梯，应具有变频调速拖动、能量再生回馈、群控等至少 1 项技术，实现电梯节能。对于扶梯，应采用变频感应启动技术来降低使用能耗。

本市高层建筑中，垂直电梯已成为设备系统的重要构成部分，电梯能耗在建筑总能耗中的比重也不可忽视。此外，由于频繁启停,还容易造成电网波动。作为绿色建筑,在满足使用者便捷性的同时,应重视电梯配置的合理性,选用数量及各项参数合理的电梯以及控制系统,减小其对电网的影响。

自动扶梯与自动人行道在商场、机场等公共场所普遍使用,这些建筑都有明显的低峰时间段。在低峰时间段自动扶梯与自动人行道会有很长的闲置时间,如仍然正常运转,不但不节能,还会减少设备寿命,因此装设变频感应系统可有效降低能耗,延长设备寿命。

【评价方式】

1 预评价:查阅相关专业设计文件、电梯与自动扶梯人流平衡计算分析报告。

2 评价:查阅相关专业竣工图、相关产品型式检验报告,必要时现场核查。

7.1.6 本条适用于各类民用建筑的预评价和评价。

通过全面的分析研究,制定水资源利用方案,提高水资源循环利用率,减少市政供水量和污水排放量。水资源利用方案包含项目概况、水量计算及水量平衡分析、给排水系统设计方案介绍、节水器具及设备说明、非传统水源利用方案等内容。

第1款:按使用用途、付费或管理单位情况分别设置用水计量装置,其中使用用途包括厨房、卫生间、空调、游泳池、非传统水源、绿化、景观、浇洒道路等,付费或管理单元包括住宅各户、商场各商铺等。可以统计各种用水部门的用水量和分析渗漏水量,达到持续改进节水管理的目的。同时,也可以据此实行计量收费,或节水绩效考核,促进行为节水。

第2款:用水器具给水配件在单位时间内的出水量超过额定流量的现象,称超压出流现象。该流量与额定流量的差值,为超压出流量。超压出流量未产生使用效益,为无效用水量,即浪费的水量。给水系统设计时应采取措施控制超压出流现象,应合理进行压力分区,并适当地采取减压措施,避免造成浪费。

当选用自带减压装置的用水器具时，该部分管线的工作压力满足相关设计规范的要求即可。当建筑因功能需要，选用特殊水压要求的用水器具时，可根据产品要求采用适当的工作压力，但应选用用水效率高的产品，并在说明中做相应描述。

第 3 款：为避免水池（箱）自动水位控制阀失灵导致溢流、水淹，造成水资源浪费或可能的财产损失，要求二次供水系统的水箱、水池进行水位控制和溢流控制时，设置超高水位报警和自动关闭进水阀门装置联动。

第 4 款：所有用水器具和设备应满足现行国家标准《节水型产品通用技术条件》GB/T 18870、《卫生陶瓷》GB/T 6952 及现行行业标准《节水型生活用水器具》CJ/T 164 等的要求。除特殊功能需求外，均应选用水效等级在 2 级及以上的节水型用水器具。

第 5 款：公共浴室用水量监测属于本市大型公共建筑用能监测平台分项监测内容之一，应鼓励公共浴室节水。本款适用于设有公共浴室的各类民用建筑，包括学校、医院、体育场馆等建筑设置的公用浴室，也包括住宅、办公楼、旅馆、商店内设置的公共浴室以及其为物业人员、餐饮服务人员和其他工作人员设置的公共浴室。公共浴室应采取用者付费、超过设定的时间自动断水等节水方式。未设置公共浴室的建筑，本款直接通过。

【评价方式】

1 预评价：查阅给排水专业施工图（含水表分级设置示意图、各层用水点用水压力计算图表、水池或水箱水位控制和溢流控制装置设置、用水器具节水性能要求等）、水资源利用方案及其在设计中的落实说明、公共浴室节水措施说明等。

2 评价：查阅给排水专业竣工图、水资源利用方案（含其在运行阶段与设计相比的不同点说明）、用水器具产品说明书或产品节水性能检测报告、公共浴室节水措施说明等，并现场核查。

7.1.7 本条适用于各类民用建筑的预评价和评价。

建筑方案的规则性对建筑结构的抗震安全性来说十分重要，本条主要依据国家建筑抗震相关强制性规范中的强条规定。

根据国家标准《建筑抗震设计规范》GB 50011—2022 第 3.4.1 条（强制性条文）的规定，“严重不规则的建筑不应采用”。国家标准《建筑与市政工程抗震通用规范》GB 55002—2021 第 5.1.1 条规定：“建筑设计应根据抗震概念设计的要求明确建筑形体的规则性。不规则的建筑应按规定采取加强措施；特别不规则的建筑应进行专门研究和论证，采取特别的加强措施；不应采用严重不规则的建筑方案。”

【评价方式】

1 预评价：查阅相关设计文件（建筑图、结构施工图）、建筑形体规则性判定报告。

2 评价：查阅相关竣工图、建筑形体规则性判定报告。

7.1.8 本条适用于各类民用建筑的预评价和评价。

设置大量的没有功能的纯装饰性构件，不符合绿色建筑节约资源的要求。鼓励使用装饰和功能一体化构件，在满足建筑功能的前提之下，体现美学效果、节约资源。本条鼓励使用装饰和功能一体化构件，如结合遮阳功能的格栅、结合绿化布置的构架、屋面或外墙使用光伏发电与装饰一体化构件等。

本条所指的装饰性构件主要包括以下三类：

（1）超出安全防护高度 2 倍的女儿墙；

（2）仅用于装饰的塔、球、曲面等；

（3）不具备功能作用的飘板、格栅、构架等。

为更好地贯彻新时期“适用、经济、绿色、美观”的建筑方针，兼顾公共建筑尤其是商业及文娱建筑的特殊性，要求公共建筑装饰性构件造价与建筑总造价比例不应大于 1%。

装饰性构件造价比例计算应以单栋建筑为单元，各单栋建筑的装饰性构件造价比例均应符合条文规定的比例要求。计算时，分子为各类装饰性构件造价之和，分母为单栋建筑的土建、安装工程总造价，不包括征地、装修等其他费用。

【评价方式】

1 预评价：查阅建筑专业及装修施工图设计文件，有装饰性构件的应提供其功能说明书和造价计算书。

2 评价：查阅建筑专业及装修竣工图、造价计算书。

7.1.9 本条适用于各类民用建筑的评价。预评价时本条不参评。

鼓励选用本地化建材，是减少运输过程的资源和能源消耗、降低环境污染的重要手段之一。

本条的 500 km 是指建筑材料的最后一个生产工厂或场地到施工现场的运输距离。例如，针对预制构件，指预制构件从生产基地运送到项目现场的运输距离；非预制构件所需原材料运送到项目现场的运输距离。

【评价方式】

1 预评价：本条不参评。

2 评价：查阅结构竣工图及设计说明、工程材料用量清单、本地化材料使用比例计算书等有关证明文件。

7.1.10 本条适用于各类民用建筑的预评价和评价。

本市推行装配式建造方式。《上海市绿色建筑管理办法》（沪府令〔2021〕57 号）第十七条（装配式建造和建筑信息模型）提出“新建民用建筑、工业建筑和城市基础设施，按照国家和本市有关规定，采用装配式建造方式和应用建筑信息模型技术”。

【评价方式】

1 预评价：查阅装配式建造相关施工图纸、计算表、审批文件。

2 评价：查阅装配式建造相关竣工图纸及验收文件。

7.2 评分项

Ⅰ 节地与土地利用

7.2.1 本条适用于各类民用建筑的预评价和评价。

对于住宅建筑，人均居住用地指标是控制其节地的关键性指标。本标准与现行国家标准《城市居住区规划设计标准》GB 50180 进行了对接，并以居住区的最小规模即居住街坊的控制指标为基础，提出了人均住宅用地指标评分规则。居住街坊是指住宅建筑集中布局、由支路等城市道路围合（一般为 2 hm^2～4 hm^2 住宅用地，约 300 套～1 000 套住宅）形成的居住基本单元。评价时，如果建设项目规模超过 4 hm^2，在项目整体指标满足所在地控制性详细规划要求的基础上，应以其小区路围合形成的居住街坊为评价单元计算人均住宅用地指标。

对于公共建筑，容积率是控制其节地的关键性指标。本标准在充分考虑公共建筑功能特征的基础上进行分类（一类是容积率通常较高的行政办公、商务办公、商业金融、旅馆饭店、交通枢纽等设施；另一类是容积率不宜太高的教育、文化、体育、医疗卫生、社会福利等公共服务设施），并分别制定了评分规则。评价时，应根据建筑类型对应的容积率进行赋值。

对于混合类型的建筑，应按不同类型建筑的容积率分别计算得分，然后乘以不同类型建筑所占的面积比例进行叠加计算。

【评价方式】

1 预评价：查阅相关设计文件（含建筑等专业施工图、计算书等）。

2 评价：查阅相关竣工图（或竣工验收报告），并现场核查。

7.2.2 本条适用于各类民用建筑的预评价和评价。

由于地下空间的利用受诸多因素制约，因此未利用地下空间的项目应提供相关说明。经论证，建筑规模、场地区位、地质等建设条件确实不适宜开发地下空间，并提供经济技术分析报告的，本条可直接得分。地铁上盖工程的地上建设项目，可根据其地下建设项目的地下空间开发利用指标来计算本条得分。

开发利用地下空间是城市节约集约用地的重要措施之一。地下空间的开发利用应与地上建筑及其他相关城市空间紧密结合、统一规划，但从雨水渗透及地下水补给、减少径流外排等生态环保要求出发，地下空间也应利用有度、科学合理。

【评价方式】

1 预评价：查阅相关设计文件（含建筑等专业施工图、计算书等）。

2 评价：查阅相关竣工图（或竣工验收报告），并现场核查。

7.2.3 本条适用于各类民用建筑的预评价和评价。

国家标准《城市居住区规划设计标准》GB 50180—2018 第 5.0.6 条第 2 款规定“地上停车位应优先考虑设置多层停车库或机械式停车设施，地面停车位数量不宜超过住宅总套数的 10%”。公共图书馆等公共服务设施的建设用地指标中，也有明确的地面停车占地规定，一般控制在 8%左右。

鼓励项目机械式停车设施、地下停车库或地面停车楼等停车方式，进一步减少地面停车数量占比，从而有效实现节约集约利用土地、提高土地使用效率，减少工程建设量、节约工程造价，提供更多地面空间作为公共活动空间公共绿地。

当项目部分采用地面停车楼时，本条第 1 款可与第 2 款得分进行累加，但总分值不超过 8 分；地面停车楼的停车数和停车占地面积不计入本条第 2 款中；当项目为于住宅、公建混合类型的建筑时，本条第 2 款应按不同类型建筑的停车计分方式分别计算得分，然后乘以不同类型建筑所占的建筑面积比例进行叠加计算。

【评价方式】

1 预评价：查阅相关设计文件（含建筑等专业施工图、计算书等）。

2 评价：查阅相关竣工图（或竣工验收报告），并现场核查停车方式。

Ⅱ 节能与能源利用

7.2.4 本条适用于各类民用建筑的预评价和评价。

第1款：要求围护结构热工性能应优于现行国家标准《建筑节能与可再生能源利用通用规范》GB 55015对于外墙、屋顶、外窗、幕墙等围护结构主要部位的传热系数 K 和太阳能得热系数 $SHGC$ 的规定性指标要求。

第2款：建筑围护结构节能率是指与参照建筑相比，设计建筑通过围护结构热工性能改善而使全年建筑供暖供冷负荷降低的百分数。建筑供暖供冷负荷应按照行业标准《民用建筑绿色性能计算标准》JGJ/T 449—2018第5.2节的规定进行计算。

建筑供暖负荷包括建筑围护结构传热、太阳辐射和围护结构渗风形成的热负荷，不包括通过机械设备主动通风的新风热负荷；建筑供冷负荷包括建筑围护结构传热、太阳辐射、围护结构渗风得热以及室内人员、设备等内扰形成的冷负荷，不包括通过机械设备主动通风的新风冷负荷。

设计建筑和参照建筑的供暖供冷室内设定温度和运行时间、照明功率密度和使用时间、电器设备功率密度和使用时间、人员密度和在室率、新风量和新风运行情况等的设置应符合国家标准《建筑节能与可再生能源利用通用规范》GB 55015—2021附录C.0.3的要求。

为了统一模拟时参照建筑的围护结构参数，本标准对国家标准《建筑节能与可再生能源利用通用规范》GB 55015—2021中未明确要求的参数给出了具体参考数值，参数确定原则为同一朝向冬夏遮阳系数保持一致，其中，居住建筑窗墙面积比≤0.25时，东、西向 *SHGC* 按照国家标准《建筑节能与可再生能源利用通用规范》GB 55015—2021 附录表 C.0.1-3 限值 0.40 设置；窗墙面积比≤0.40时，南向 *SHGC* 按照国家标准《民用建筑热工设计规范》GB 50176—2016 表 6.3.1 取 0.55；窗墙面积比＞0.60时，东、西、南向 *SHGC* 取值参照 0.40＜窗墙面积比≤0.60 要求的 *SHGC* 取值。具体参数要求如表 4、表 5 所示。

表 4 居住建筑参照建筑围护结构热工性能

围护结构部位	传热系数 K[W/(m^2·k)]	
	热惰性指标 $D\leqslant 2.5$	热惰性指标 $D>2.5$
屋面	0.40	0.40
外墙	0.60	1.00
架空楼板	1.00	
分户墙、隔墙	1.50	
楼板	1.80	
户门	2.00	
窗墙面积比	传热系数 K	太阳得热系数 *SHGC*（东、西向/南向）
窗墙面积比≤0.25	2.80	0.40/0.55
0.25＜窗墙面积比≤0.40	2.50	0.40/0.55
0.40＜窗墙面积比≤0.60	2.00	0.25/0.50
0.60＜窗墙面积比＜0.70	2.00	0.25/0.50
0.70≤窗墙面积比＜0.80	1.80	0.25/0.50
窗墙面积比≥0.80	1.50	0.25/0.50
天窗	2.80	0.20

注：冬季 *SHGC* 跟夏季取值相同。

表 5　公共建筑参照建筑围护结构热工性能

围护结构部位	传热系数 K[W/(m^2·k)]	
	热惰性指标 $D \leq 2.5$	热惰性指标 $D > 2.5$
屋面	0.40	0.40
外墙	0.60	0.80
架空楼板	0.7	
窗墙面积比	传热系数 K	太阳得热系数 $SHGC$ （东、南、西向/北向）
窗墙面积比≤0.20	3.00	0.45
0.20<窗墙面积比≤0.30	2.60	0.40/0.45
0.30<窗墙面积比≤0.40	2.20	0.35/0.40
0.40<窗墙面积比≤0.50	2.20	0.30/0.35
0.50<窗墙面积比≤0.60	2.10	0.30/0.35
0.60<窗墙面积比≤0.70	2.10	0.25/0.30
0.70<窗墙面积比≤0.80	2.00	0.25/0.30
窗墙比>0.8	1.80	0.20
天窗	2.20	0.30

计算过程中，其他国家标准《建筑节能与可再生能源利用通用规范》GB 55015—2021 未涉及的参数设置应符合行业标准《民用建筑绿色性能计算标准》JGJ/T 449—2018 第 5.2 节的规定。

【评价方式】

1　预评价：查阅相关专业设计文件（设计说明、围护结构施工详图）、节能计算书、建筑围护结构节能率分析报告（第 2 款评价时）。

2　评价：查阅相关建筑专业竣工图（设计说明、围护结构竣工详图）、节能计算书、建筑围护结构节能率分析报告（第 2 款评价时）。

7.2.5 本条适用于各类民用建筑的预评价和评价。

区域能源中心涉及评分表格中的设备类型,需参与评价。住宅用户自主购买的空调设备,本条不得分。若采用电锅炉作为空调热源,本条不对其热效率进行评价。若采用双工况机组、冷凝热回收机组,评价要求参见本标准第 9.2.14 条的条文说明,本条不对其机组能效进行评价。对于同时存在供暖、空调的项目,冷热源能效提升应同时满足本条才可得分。

国家标准《建筑节能与可再生能源利用通用规范》GB 55015—2021 分别对锅炉额定效率、电机驱动的蒸汽压缩循环冷水(热泵)机组性能系数(*COP*)、水冷多联式空调(热泵)机组的制冷综合性能系数(*IPLV*)、风冷多联式空调(热泵)机组的全年性能系数(*APF*)、单元式空气调节机、风管送风式的制冷能效比(*SEER*)和全年性能系数(*APF*)、房间空气调节器的制冷季季节能效比(*SEER*)及全年性能系数(*APF*)、直燃型溴化锂吸收式冷(温)水机组的性能参数提出了基本要求。本条在此基础上,以提高百分比(锅炉热效率以百分点)的形式,对包括上述机组在内的供暖空调冷热源机组能效提出了更高要求。对于该标准中未予规定的情况[例如蒸汽型溴化锂吸收式冷(温)水机组等其他设备作为供暖空调冷热源],以及在产品设计选型时一般以产品标准中的等级为依据的情况(例如房间空调器、户式燃气供暖热水炉),则应以现行国家标准《热泵和冷水机组能效限定值及能效等级》GB 19577、《房间空气调节器能效限定值及能效等级》GB 21455、《家用燃气快速热水器和燃气采暖热水炉能效限定值及能效等级》GB 20665 等中规定的 2 级作为本条的评分依据。若能在此基础上再提高 1 级,可以获得更高的分数。

【评价方式】

1 预评价:查阅相关设计文件。

2 评价:查阅相关专业竣工图、主要产品型式检验报告。

7.2.6 本条适用于各类民用建筑的预评价和评价。

本条第 1 款，对于采用分体空调和多联机空调（热泵）（多联机配管长度需满足相关规范要求）机组的，本款可直接得分。对于设置新风机的项目，新风机需参与评价；第 2 款，对于非集中采暖空调系统的项目，如分体空调、多联机空调（热泵）机组、单元式空气调节机等，本款可直接得分。

本条主要判断参评项目是否采取了大温差空调冷水系统，或者更高效率的风机、水泵，评价其对输配系统能耗的影响。

第 1 款：应按照现行上海市工程建设规范《公共建筑节能设计标准》DG/TJ 08—107 中风机单位风量耗功率的要求进行评价，本款的评价范围仅限于风量大于 10 000 m^3/h 的空调风系统和通风系统。

第 2 款：应按照上海市工程建设规范《公共建筑节能设计标准》DG/TJ 08—107—2015（2024 年局部修订）中的第 4.2.6 条、第 4.4.7 条对集中供暖系统热水循环泵的耗电输热比、空调冷热水系统循环水泵的耗电输冷（热）比的要求进行评价。本条提出对以上参数的更优化要求，通过末端系统及输配系统的优化设计，降低末端和输配能耗。

【评价方式】

1 预评价：查阅相关设计文件。

2 评价：查阅相关专业竣工图、主要产品型式检验报告。

7.2.7 本条适用于各类民用建筑的预评价和评价。

当室外空气比焓值低于室内空气比焓值时，优先利用室外新风消除室内热湿负荷利于节能。过渡季可随时开窗通风的建筑，在充分证明其开窗通风的有效性的前提下，本条直接得分。

对于全空气空调系统，应具有可变新风比功能，所有全空气空调系统的最大总新风比不应低于 50%。服务于人员密集的大空间和全年具有供冷需求区域的全空气空调系统，可达到的最大总新风比不低于 70%。

对于非全空气空调系统，也应具备可适当加大新风量的系统能力，例如在内区面积较大的办公、会议、医院诊疗室、商业、餐厅等区域，过渡季节新风量不低于空调季新风量的2倍。

当采用全新风或可调新风比时，空调排风系统的设计和运行应与新风量的变化相适应，新风口和新风管的尺寸应按最大新风量来设计。

过渡季和冬季时具有一定供冷量需求的建筑，采用冷却塔提供空调冷水的方式，减少了全年运行冷水机组的时间，是一种值得推广的节能措施。

【评价方式】

1 预评价：查阅暖通、电气专业施工图及设计说明，降低过渡季节供暖、通风与空调系统能耗措施报告，并校核新风管与新风口流速。

2 评价：查阅暖通、电气专业竣工图及设计说明，降低过渡季节供暖、通风与空调系统能耗措施报告，并校核新风管与新风口流速、机组运行记录，必要时现场核查。

7.2.8 本条适用于各类民用建筑的预评价和评价。

电气设备的节能选型及控制措施对于实现电气系统的节能起到关键的作用。

第1款：主要功能房间的照明功率密度值不应高于现行国家标准《建筑照明设计标准》GB/T 50034规定的目标值要求。

第2款：人工照明随天然光照度变化自动调节，不仅可以保证良好的光环境，避免室内产生过高的明暗亮度对比，还能在较大程度上降低照明能耗。在项目经济条件许可的情况下，为了灵活地控制和管理照明系统，并更好地结合人工照明与天然采光设施，宜设置智能照明控制系统以营造良好的室内光环境，并达到节电的目的。当室内天然采光随着室外光线强弱变化时，室内的人工照明应按照人工照明的照度标准，利用光传感器自动启闭或调节部分灯具。本款中的天然采光区域是指天然采光系数达标区域。天然采光区域的界定，可执行现行国家标准《建筑采光设计标准》GB 50033 的规定。

第 3 款：所用的电力变压器满足现行国家标准《电力变压器能效限定值及能效等级》GB 20052 的要求，油浸式配电变压器、干式配电变压器的空载耗损和负载耗损值均不高于能效等级 2 级的规定。

【评价方式】

1 预评价：查阅相关设计文件、相关设计说明。

2 评价：查阅相关专业竣工图、相关设计说明、相关产品型式检验报告。

7.2.9 本条适用于各类民用建筑的预评价和评价。

上海陆续颁布了不同建筑类型的建筑能耗标准，指导进行能耗限额设计。本条第 2 款明确在运行阶段参考建筑实际能耗与现行本市建筑能耗相关标准中规定的约束值进行比较，根据建筑实际运行能耗低于约束值的百分比进行能耗降低得分判断，判定方法更具上海特色。

1 对于住宅建筑

1） 预评价和投入使用不足 1 年的项目，应计算建筑的供暖空调和照明系统能耗（照明能耗只考察公共区域，不包括套内照明能耗），并进行比较，即根据现行国家标准《建筑节能与可再生能源利用通用规范》GB 55015 中节能参数要求，分别计算设计建筑及满足现行国家标准《建筑节能与可再生能源利用通用规范》GB 55015 规定的参照建筑供暖空调能耗和照明系统能耗，计算其节能率并进行得分判定。如现行国家标准《建筑节能与可再生能源利用通用规范》GB 55015 中未提及相关参数设置及计算方法时（如设计建筑与参照建筑系统形式的选择等），可参考现行行业标准《民用建筑绿色性能计算标准》JGJ/T 449 相关设置要求。

2） 投入使用满 1 年的项目主要评价建筑围护结构、冷热源设备参数、照明功率密度等是否符合能耗分析计算中参数设置要求，且其运行能耗符合现行有关建筑能耗标准要求。

2 对于公共建筑

1） 预评价及投入使用不足1年的项目应计算建筑的供暖空调和照明系统能耗，并进行比较，即根据现行国家标准《建筑节能与可再生能源利用通用规范》GB 55015中节能参数要求，分别计算设计建筑及满足现行国家标准《建筑节能与可再生能源利用通用规范》GB 55015规定的参照建筑供暖空调能耗和照明系统能耗，计算其节能率并进行得分判定。如现行国家标准《建筑节能与可再生能源利用通用规范》GB 55015中未提及相关参数设置及计算方法时（如设计建筑与参照建筑系统形式的选择、热回收系统的设置、冷却水系统设置等），可参考现行行业标准《民用建筑绿色性能计算标准》JGJ/T 449的相关设置要求。

2） 对于投入使用满1年的项目，本条要求建筑实际能耗与现行本市建筑能耗相关标准中规定的约束值进行比较，根据建筑实际运行能耗低于约束值的百分比进行节能率得分判断。需要说明的是，当建筑运行后实际人数、小时数等参数和约束值不同时，应对建筑实际能耗进行修正。

对于本市建筑能耗相关标准未覆盖的建筑类型，参考国家现行有关建筑能耗标准。国家及本市现行有关建筑能耗标准均未涉及的建筑类型，其建筑运行阶段能耗评价参考第1款。

【评价方式】

1 预评价：查阅相关专业设计文件（暖通、电气、内装专业施工图纸及设计说明）、建筑暖通及照明系统能耗模拟计算书。

2 评价：查阅相关专业竣工图、建筑暖通及照明系统能耗模拟计算书、暖通系统的运行调试记录等。对于投入使用满 1 年的项目，尚应查阅建筑运行能耗统计数据。

7.2.10 本条适用于各类民用建筑的预评价和评价。

可再生能源利用率是指可再生能源利用量占终端能源消费量的比率。本条所指可再生能源，包括但不限于太阳能、地热能等非化石能源。终端能源消费量主要指建筑能耗，包括供暖、通风、空调、照明、生活热水、电梯能耗。可再生能源利用范围应符合现行上海市工程建设规范《民用建筑可再生能源综合利用核算标准》DG/TJ 08—2329 的规定。

可再生能源利用率按下式进行计算：

$$R=\frac{EP_{\mathrm{h}}+EP_{\mathrm{c}}+EP_{\mathrm{w}}+\sum E_{\mathrm{r},i}\times f_i+\sum E_{\mathrm{rd},i}\times f_i}{Q_{\mathrm{h}}+Q_{\mathrm{c}}+Q_{\mathrm{w}}+E_{\mathrm{l}}\times f_i+E_{\mathrm{e}}\times f_i} \tag{2}$$

式中：R——可再生能源利用率(%)；

EP_{h}——供暖系统中可再生能源利用量(kWh)；

EP_{c}——供冷系统中可再生能源利用量(kWh)；

EP_{w}——生活热水系统中可再生能源利用量(kWh)；

$E_{\mathrm{r},i}$——年本体产生的 i 类型可再生能源发电量(kWh)；

$E_{\mathrm{rd},i}$——年周边产生的 i 类型可再生能源发电量(kWh)；

f_i——i 类型能源的能源换算系数；

Q_{h}——年供暖耗热量(kWh)；

Q_{c}——年供冷耗冷量(kWh)；

Q_{w}——年生活热水耗热量(kWh)；

E_{l}——年照明系统能源消耗(kWh)；

E_{e}——年电梯系统能源消耗(kWh)。

本条得分计算方式为 $R\geqslant 10\%$ 时，得 15 分；$R<10\%$ 时，按线性内插法计算得分，即：得分=1.5×R×100，四舍五入取整数。例如，当 R=1.5% 时，得分=1.5×1.5，四舍五入取整数，等于 2 分。

【评价方式】

1 预评价:查阅可再生能源相关设计文件、计算分析报告。

2 评价:查阅相关专业竣工图、计算分析报告、产品型式检验报告。

Ⅲ 节水与水资源利用

7.2.11 本条适用于各类民用建筑的预评价和评价。

本条旨在鼓励选用更高性能的节水器具。目前,我国已对大部分用水器具的水效等级制定了标准。坐便器执行现行国家标准《坐便器水效限定值及水效等级》GB 25502,智能坐便器执行现行国家标准《智能坐便器能效水效限定值及等级》GB 38448,水嘴执行现行国家标准《水嘴水效限定值及水效等级》GB 25501,小便器执行现行国家标准《小便器水效限定值及水效等级》GB 28377,淋浴器执行现行国家标准《淋浴器水效限定值及水效等级》GB 28378,便器冲洗阀执行现行国家标准《便器冲洗阀水效限定值及水效等级》GB 28379,蹲便器执行现行国家标准《蹲便器水效限定值及水效等级》GB 30717。目前,相关标准正在更新中,如发布实施,则执行更新后的标准要求。

在设计文件中要注明对卫生器具的节水要求和相应的参数或标准。当存在不同水效等级要求的卫生器具时,按满足最低等级的要求得分。当水效等级相关标准的卫生器具全部采用时,方可认定第1款或第3款得分;50%以上数量的器具采用达到水效等级1级的产品且其他达到2级时,方可认定第2款得分。

【评价方式】

1 预评价:查阅给排水专业施工图、产品说明书(含相关节水器具的性能参数要求)以及卫生器具水效达到相关等级的数量比例计算书。

2 评价:查阅给排水专业竣工图、设计说明、产品说明书、产品节水性能检测报告、产品采购合同以及卫生器具水效达到相关等级的数量比例计算书，并现场核查。

7.2.12 本条适用于各类民用建筑的预评价和评价。

本条旨在鼓励绿化灌溉，采用节水技术或措施来实现节约用水的目的。

绿色建筑鼓励绿化灌溉，采用喷灌、微灌等高效节水灌溉方式（当绿化灌溉用水水源为再生水时，不应采用喷灌）。当项目90％以上的绿化面积采用了高效节水灌溉方式时，方可判定满足“节水灌溉”；采用移动喷灌头，本条不得分。

第1款：采用节水灌溉并设置土壤湿度感应器、雨天自动关闭装置等节水控制措施可实现进一步节水。设计人员应根据场地植物种植等实际情况确定采用1种或几种组合的节水控制措施。

第2款：50％以上绿化面积种植无需长期进行灌溉的上海市本土植物，例如香樟、广玉兰、朴树、麦冬等，在植物生根阶段可设置临时灌溉设施进行灌溉养护，但在其生根期后需将临时灌溉设施移除，同时其余绿化采用了节水灌溉方式时，本款方可得分。设计文件中应提供植物配置表，并说明所选植物的耐旱性能。

【评价方式】

1 预评价：查阅建筑专业施工图、给排水专业施工图、景观专业施工图（含绿化灌溉产品的设备材料表）、产品说明书等。

2 评价：查阅建筑专业竣工图、给排水专业竣工图及景观专业竣工图、相应的产品说明书，并现场核查。

7.2.13 本条适用于各类民用建筑的预评价和评价。

公共建筑集中空调系统的冷却水补水量占建筑物用水量的30％～50％，减少冷却水系统不必要的耗水对整个建筑物的节水意义重大。本条旨在鼓励采用节水设备或技术来节约空调冷却水用水，以达到节约用水的目的。

第1款：开式循环冷却水系统或闭式冷却塔的喷淋水系统可

设置水处理装置和化学加药装置改善水质，减少排污耗水量；可采取加大集水盘、设置平衡管或平衡水箱等方式，相对加大冷却塔集水盘浮球阀至溢流口段的容积，避免停泵时的泄水和启泵时的补水浪费。

第 2 款："无蒸发耗水量的冷却技术"包括采用分体空调、风冷式冷水机组、风冷式多联机、地源热泵、干式运行的闭式冷却塔等。

不设置空调设备或系统的项目，本条可直接得分。

【评价方式】

1 预评价：查阅暖通专业施工图、给排水专业施工图（含冷却塔节水措施说明）、产品说明书等。

2 评价：查阅暖通专业竣工图、给排水专业竣工图、产品说明书，并现场核查。

7.2.14 本条适用于各类民用建筑的预评价和评价。

本条旨在鼓励将雨水控制利用和室外景观水体设计有机地结合起来。

未设室外景观水体的项目，本条可直接得分。室外景观水体的补水没有利用雨水及河道水，或雨水利用量不满足要求时，本条不得分。

国家标准《建筑给水排水与节水通用规范》GB 55020—2021 中第 3.4.3 条规定"非亲水性的室外景观水体用水水源不得采用市政自来水和地下井水"。结合雨水控制利用设置室外景观水体，在节约水资源的同时可实现低影响开发的目的。若利用临近的河道水，需要取得当地相关主管部门的许可。

景观水体的补水应充分利用场地的雨水资源，不足时再考虑其他非传统水源的使用。景观水体的设计应通过技术经济可行性论证确定规模和具体形式。设计时，应做好景观水体补水量和水体蒸发量逐月的水量平衡，确保满足要求。景观水体的补水管应单独设置水表，不得与绿化用水、道路冲洗用水合用水表。

景观水体的水质和补水水质根据水景补水水源和功能性质不同，应符合国家现行相关标准的规定，具体水质要求参见本标准第5.1.3条相关条文说明。在雨水进入景观水体之前，可利用生态设施消减径流污染，如充分利用植物和土壤渗滤作用。

【评价方式】

1 预评价：查阅给排水专业施工图、景观专业施工图（含总平面图竖向、室内外给排水施工图、水景详图等）、水量平衡计算书。

2 评价：查阅给排水专业竣工图、景观专业竣工图、计算书、景观水体补水用水计量运行记录、景观水体水质检测报告、径流污染生态消减措施现场照片等。

7.2.15 本条适用于各类民用建筑的预评价和评价。

本条旨在鼓励采用非传统水源及河道水来替代市政自来水用于建筑杂用水、冲厕及冷却水补水等，以达到节约用水的目的。

经相关政府主管部门的许可后，利用临近的河、湖水作为原水经相应的处理达到相应用途的水质标准的，本条可得分。杂用水包括室外绿化浇灌、车库及道路冲洗、洗车用水等。

上海降雨量丰富，雨水更适合季节性利用，比如绿化、景观水体、冷却等季节性用途，同时，雨水调蓄池在调蓄容积上增加雨水回用容积也可以作为杂用水补充水源使用。使用非传统水源及河道水替代自来水作为杂用水、冷却水补水以及冲厕用水水源时，其水质指标应满足现行国家标准《地表水环境质量标准》GB 3838、《建筑与小区雨水控制及利用工程技术规范》GB 50400、《城市污水再生利用　城市杂用水水质》GB/T 18920、《城市污水再生利用　绿地灌溉水质》GB/T 25499、《城市污水再生利用　景观环境用水水质》GB/T 18921以及《采暖空调系统水质》GB/T 29044等规定的相应水质要求。

“非传统水源及河道水占杂用水总用水量比例”指项目某项杂用水采用非传统水源及河道水的用水量占该部分杂用水总用

水量的比例。

本条涉及的非传统水源及河道水用水量、总用水量均为设计年用水量。设计年用水量由设计平均日用水量和用水时间计算得出。设计平均日用水量应根据节水用水定额和设计用水单元数量计算得出，节水用水定额取值详见现行国家标准《民用建筑节水设计规范》GB 50555。

【评价方式】

1 预评价：查阅给排水专业施工图（含非传统水源利用设计文件）、当地相关主管部门的许可、非传统水源利用计算书。

2 评价：查阅给排水专业竣工图（含非传统水源利用设计文件）、非传统水源利用计算书、非传统水源水质检测报告，并现场核查。

Ⅳ 节材与绿色建材

7.2.16 本条适用于各类民用建筑的预评价和评价。

本条旨在促进土建工程与装修工程的设计、施工一体化，减少二者衔接不好导致的拆改。土建装修一体化设计，要求对土建设计、机电设计和装修设计统一协调，在土建设计时充分考虑建筑空间的功能改变的可能性及装饰装修（包括室内、室外、幕墙、陈设）、机电（暖通、电气、给排水外露设备设施）设计的各方面需求，事先进行孔洞预留和装修面层固定件的预埋，避免在装修时对已有建筑构件打凿、穿孔。同时，还可选用风格一致的整体吊顶、整体橱柜、整体卫生间等，这样既可减少设计的反复，又可以保证设计质量，做到一体化设计。土建装修一体化施工，提前让机电、装修施工介入，综合考虑各专业需求，避免发生错漏碰缺、工序颠倒、操作空间不足、成品破坏和污染等后续无法补救的问题。

实践中，可由建设单位统一组织建筑主体工程和装修施工，也可由建设单位提供菜单式的装修做法由业主选择，统一进行图纸设计、材料购买和施工。在选材和施工方面，尽可能采取工业化制造的、具备稳定性、耐久性、环保性和通用性的设备和装修装置材料，从而在工程竣工验收时室内装修一步到位，避免破坏建筑构件和设施。

本条要求的对象主要是建筑主要功能区（含车库），不包含设备间、机房等非装修区域，在建筑交付使用前应按照交付标准完成一体化的设计和施工。对于住宅建筑，要求楼栋内公共区域及所有居室内部均采用建筑、装修一体化设计，预埋机电、管线等内装设计必须同步到位；对于公共建筑，要求公共部位、出租（售）区域等所有功能空间均采用土建工程与装修工程一体化设计及施工。

【评价方式】

1 预评价：查阅土建、装修各专业施工图及其他证明材料。

2 评价：查阅土建、装修各专业竣工图及其他证明材料

7.2.17 本条适用于各类民用建筑的预评价和评价。

合理选用建筑结构材料，可减小构件的截面尺寸及材料用量，同时也可减轻结构自重，减小地震作用及地基基础的材料消耗。

本条中建筑结构材料主要指高强度钢筋、高强度混凝土、高强度钢材。高强度钢筋包括 400 MPa 级及以上受力普通钢筋，高强混凝土包括 C50 及以上混凝土，高强度钢材包括现行国家标准《钢结构设计标准》GB 50017 规定的 Q345 级及以上（实际为 Q355，在国家标准《低合金高强度结构钢》GB/T 1591—2018 中，Q345 钢材牌号已更改为 Q355）。采用混合结构时，考虑混凝土、钢的组合作用优化结构设计，可达到较好的节材效果。

第 2 款第 3 点所指的施工时免支撑的楼屋面板，包括各种类型的钢筋混凝土叠合板或预应力混凝土叠合板。对于楼屋面采用工具式脚手架与配套定型模板施工，可达到免抹灰效果的，视为满足要求。

第3款：当建筑结构材料与构件中的地上所有竖向承重构件为钢构件或者钢包混凝土构件，楼面结构是钢梁与混凝土组合楼面时，按第2款直接计算分值。

材料用量比例应按以下规则进行计算：

1 对于混凝土结构，需计算高强度钢筋使用比例、高强混凝土使用比例。

2 对于钢结构，需计算高强钢材使用比例、螺栓连接节点数量比例。

3 对于混合结构，需分别计算各类建筑结构中高强材料的使用比例后取平均值。

4 对于装配式结构、木结构、竹结构等其他结构体系，可根据项目提供的高强材料使用合理性的节材效益说明进行评价。

【评价方式】

1 预评价：查阅相关设计文件、各类材料用量比例计算书。

2 评价：查阅相关竣工图、施工记录、工程材料用量清单、各类材料用量比例计算书。

7.2.18 本条适用于各类民用建筑的预评价和评价。

本条旨在鼓励运用通用化和标准化的设计方式与建筑结构、设备及管线进行一体化集成设计，并采用工业化内装部品进行室内装配式装修。

2017年1月1日起施行的《上海市住房和城乡建设管理委员会关于进一步加强本市新建全装修住宅建设管理的通知》（沪建建材〔2016〕688号）提出：上海目前结合全装修住宅，推广支撑体与填充体分离SI内装技术，鼓励整体卫浴和厨房等部品模块化应用，以及集成吊顶、设备管线等内装工业化生产方式。上海市工程建设规范《住宅室内装配式装修工程技术标准》DG/TJ 08—2254—2018中对工业化内装部品的定义为：由工厂生产的，构成内装系统的建筑单一产品或复合产品组装而成的功能单元的统称。该标准中提到的部品有装配式隔墙、装配式墙面、装配式吊顶、装配式楼地面、集成式厨房和整体厨房、集成式卫生间和整体卫生间、整体收纳。根据上述标准及管理规定，本条中工业化内装部品主要包括装配式隔墙、装配式墙面、装配式吊顶、装配式楼地面、集成式厨房和整体厨房、集成式卫生间和整体卫生间、整体收纳、管线集成与设备设施等。其中，装配式隔墙、装配式墙面、装配式吊顶和装配式楼地面应采用干式工法。装配式隔墙指的是适合产品集成的非砌筑免抹灰墙体，主要包括轻质条板隔墙、玻璃隔断、木骨架或轻钢骨架复合墙。

工业化内装部品占同类部品用量比例可按国家和本市装配式建筑相关标准及管理规定进行计算。如采用国家标准《装配式建筑评价标准》GB/T 51129—2017 第 4.0.8～4.0.13 条规定计算，当计算比例达到 50%及以上时，可认定满足本条的基本要求。在满足此项基本要求的前提下，根据选用部品的种类多少判定得分。

当裙房建筑面积较大，或建筑使用功能、主体功能形式等存在较大差异时，主楼与裙房可先分别评价并计算得分，然后按照建筑面积的权重进行折算。

【评价方式】

1 预评价：查阅相关设计文件（建筑专业及装修施工图、工业化内装部品施工设计文件）、工业化内装部品用量比例计算书。

2 评价：查阅建筑专业等相关竣工图、工业化内装部品用量比例计算书、工业化内装深化设计图、材料见证送检报告。

7.2.19 本条适用于各类民用建筑的预评价和评价。

建筑材料的循环利用是建筑节材与材料资源利用的重要内容。本条的设置旨在整体考量建筑材料的循环利用对于节材与材料资源利用的贡献，评价范围是永久性安装在工程中的建筑材料，不包括电梯等设备。施工过程中产生的回填土、使用的模板等不在本条统计计算范畴中。

本条中的可再利用材料指的是在不改变材料的物质形态情况下直接进行再利用，或经过简单组合、修复后可直接再利用的土建及装饰装修材料，如旧钢架、旧木材、旧砖等；可再循环材料指的是需要通过改变物质形态可实现循环利用的土建及装饰装修材料，如钢筋、铜、铝合金型材、玻璃、石膏、木地板等；还有的建筑材料则既可以直接再利用又可以回炉后再循环利用，例如旧钢结构型材等。以上各类材料均可纳入本条范畴。

计算可再循环材料和可再利用材料用量比例时，分子为申报项目（地上部分）各类可再循环材料和可再利用材料重量之和，分母为项目（地上部分）建筑材料总重量。当某类材料既属于可再循环材料，又属于可再利用材料时，在用量比例计算时不重复计入。

如项目中使用了再生骨料混凝土或再生骨料混凝土制品，其再生骨料可计入可再循环材料中，各款得分的比例要求相应提升50%。如公共建筑的可再循环材料用量比例需超过15%，方能得到6分。

常见的可再循环建筑材料可参见表6。

表6　常见可再循环建筑材料

大类	小类	具体材料
金属	钢	钢筋、型钢等
	不锈钢	不锈钢管、不锈钢板、锚固等
	铸铁	铸铁管、铸铁栅栏等
	铝及铝合金	铝合金型材、铝单板、铝塑板、铝蜂窝板等
	铜及铜合金	铜板、铜塑板等
	其他	锌及锌合金板等
无机非金属材料	玻璃	门窗、幕墙、采光顶、透明地面及隔断用玻璃等
	石膏	吊顶、室内隔断用石膏板等
	再生骨料	混凝土再生骨料等

续表6

大类	小类	具体材料
其他	木材	木方、木板等
	竹材	竹板、竹竿等
	高分子材料	塑料窗框、塑料管材等

【评价方式】

1　预评价:查阅工程概预算材料清单、可再循环及可再利用材料用量比例计算书。

2　评价:查阅工程材料清单、可再循环及可再利用材料用量比例计算书等。

7.2.20　本条适用于各类民用建筑的预评价和评价。

在满足安全和使用性能的前提下,本条鼓励利用粉煤灰、矿渣、再生骨料等工业废料制备混凝土及相关制品,利用废弃混凝土制备资源化利用建材产品,利用淤泥等作为原料制作成墙体材料、保温材料,利用工业副产品石膏制作成石膏制品,利用再生塑料制成建筑制品等。

本市持续推进建筑废弃混凝土资源化利用工作,市住房和城乡建设管理委先后发布了《上海市建筑废弃混凝土回收利用管理办法》(沪住建规范〔2018〕7号)、《上海市建筑废弃混凝土资源化利用建材产品应用技术指南》(沪建建材〔2019〕36号),鼓励本市建筑废弃混凝土资源化利用建材产品高质量应用,促进循环经济发展。

本条参考了《上海市建筑废弃混凝土资源化利用建材产品应用技术指南》(沪建建材〔2019〕36号)相关规定,具体要求如下:

1　C25及以下强度等级预拌混凝土中再生骨料对同类材料的取代率不低于15%,或C25以上强度等级预拌混凝土中开展再生骨料混凝土的应用。

2　在建筑墙体中开展再生骨料混凝土砌块(砖)的应用,且再生骨料的取代率不低于20％。

3　在建筑砌筑、抹灰和楼地面中开展再生骨料干混砂浆的应用，且再生骨料的取代率不低于20％。

计算利废建材用量比例时，分子为某种利废建材重量，分母为该种利废建材所属的同类材料的总重量。当项目使用了多种利废建材时，应针对每种单独计算。为推动利废建材的使用，每种利废建材的用量比例均不应低于50％。

如项目中使用了再生骨料混凝土或再生骨料混凝土制品，其再生骨料可计入利废建材中，各款得分的比例要求相应提升50％。如仅使用了再生骨料混凝土一种利废建材，其占混凝土的用量比例不低于75％，方能得到6分。

【评价方式】

1　预评价：查阅工程概预算材料清单、利废建材用量比例计算书。

2　评价：查阅工程材料清单、相关产品检测报告、利废建材用量比例计算书、利废建材中废弃物掺量说明及证明材料。

7.2.21　本条适用于各类民用建筑的预评价和评价。

国家及本市均积极推广应用绿色建材。国家层面，最初由住房和城乡建设部、工业和信息化部联合推进绿色建材评价标识工作，两部先后联合出台系列文件推进该项工作。2019年3月，国家发展改革委等七部门联合印发了《绿色产业指导目录(2019年版)》(发改环资〔2019〕293号)，将“绿色建材认证推广”正式列入，以支撑建筑节能、绿色建筑和新型城镇化建设需求。

上海市层面由市住房和城乡建设管理委员会、市经济和信息化委员会联合推进绿色建材评价标识工作，两部门先后联合出台《关于开展上海市绿色建材评价标识试点工作的通知》(沪建建材联〔2017〕359号)、《关于全面开展上海市绿色建材评价标识(试点)申报工作的通知》(沪建建材联〔2017〕846号)等文件推进该项工作。

现行上海市工程建设规范《绿色建材评价通用技术标准》DG/TJ 08—2238 包含预拌混凝土、预拌砂浆、砌体材料、建筑外墙水性涂料、建筑节能玻璃 5 类建材产品的评价技术要求。《关于在本市民用和工业建筑中进一步加快绿色低碳建材推广应用的通知》(沪建建材〔2022〕312 号)要求,2023 年 1 月 1 日起,取得施工许可的政府(国企)投资的民用和工业建筑项目逐步推动预拌混凝土材料、混凝土预制构件、蒸压加气混凝土砌块(板)、预拌砂浆和建筑涂料、防水卷材、防水涂料、建筑玻璃、管道等各类绿色建材使用。

现行国家标准《绿色建筑评价标准》GB/T 50378 提出,绿色建材应用比例的计算指标由主体及围护结构工程用材、装饰装修工程用材、机电安装工程用材、室外工程用材 4 类一级指标组成,对 4 类一级指标分别进行了赋分和二级指标划分,并提出了绿色建材应用比例计算公式。本条沿用国标要求。

考虑到具体绿色建筑项目在计算时应充分考虑工程实际用材情况(如因为结构体系、技术措施等因素导致在具体工程未使用钢结构构件、遮阳制品等部分建材品类),因此在《绿色建材应用比例计算技术细则(试行)》指标体系和计算方法的基础上,将具体用材情况映射归类到二级指标中,提出绿色建筑中绿色建材应用比例具体按式(3)和式(4)进行计算:

$$P = \Sigma Q_n / 100 \times 100\% \tag{3}$$

$$Q_n = Q_{n总} \times N_{绿} / N \tag{4}$$

式中:P——绿色建材应用比例;

Q_n——$Q_1 \sim Q_4$ 各类一级指标实际得分值;

$Q_{n总}$——$Q_1 \sim Q_4$ 各类一级指标理论计算分值,$Q_{1总} \sim Q_{4总}$ 分别为 45、35、15、5;

$N_{绿}$——各类二级指标中工程实际使用并满足绿色建材要求的建材品类数量;

N——各类二级指标中工程实际使用的建材品类数量。

表 7　绿色建材使用比例计算表

计算指标		计算分值(总分 100)
一级指标(n)	二级指标(m)	
主体及围护结构工程用材 Q_1	预拌混凝土	45
	预拌砂浆	
	砌体材料	
	石材	
	防水密封材料	
	保温隔热材料	
	混凝土构配件	
	钢结构构件	
	轻钢龙骨	
	节能门窗	
	遮阳制品	
	其他主体及围护结构工程用材	
装饰装修工程用材 Q_2	吊顶及配件	35
	墙面涂料	
	装配式集成墙面	
	壁纸(布)	
	建筑装饰板	
	装修用木制品	
	石膏装饰材料	
	抗菌净化材料	
	建筑陶瓷制品	
	地坪材料	
	节水型卫生洁具及其他	
	其他装饰装修工程用材	

续表7

计算指标		计算分值(总分100)
机电安装工程用材 Q_3	管材管件	15
	LED照明产品	
	新风净化设备及其系统	
	采暖空调设备及其系统	
	热泵产品及其系统	
	辐射供暖供冷设备及其系统	
	其他机电安装工程用材	
室外工程用材 Q_4	雨水收集回用系统	5
	透水铺装材料	
	其他室外工程用材	

本条中的绿色建材须符合财政部、住建部、工信部、市场监管总局发布的《关于政府采购支持绿色建材促进建筑品质提升试点工作的通知》(财库〔2020〕31号)中附件《绿色建筑和绿色建材政府采购基本要求》,或符合上海市相关管理单位认可,或通过绿色建材产品认证,且每个二级指标的绿色建材用量应达到相应品类总量的80%方可得分。

考虑到绿色建材的不断发展,如果具体工程项目使用了表7二级指标列出的各类建筑材料之外的其他建材(即各类二级指标最后一项其他用材),且该类建材通过了绿色建材产品认证或被政府管理单位认可为绿色建材,可在计算绿色建材应用比例时将各类二级指标 N 和 $N_{绿}$ 同时增加此类其他建材的对应品类数量。

【评价方式】

1 预评价:查阅相关设计文件、工程概预算清单、绿色建材应用比例计算分析报告。

2 评价:查阅相关竣工图、购销合同及材料用量清单、符合绿色建材政府采购基本要求证明材料、绿色建材证书、绿色建材使用说明及第三方检测报告、绿色建材应用比例计算分析报告。

8 环境宜居

8.1 控制项

8.1.1 本条适用于各类民用建筑的预评价和评价。

建筑与场地设计应符合本市现行日照管理规定。建筑规划布局应满足日照标准，且不得降低周边建筑的日照标准。

本条作为控制项，执行时应满足下列要求：

1 本市规划管理规定：建筑与场地设计时，如果日照计算范围内为现状和设计方案经规划管理部门审定或经批准尚未建设以及正在建设的居住建筑和医院病房楼、休（疗）养院住宿楼、幼儿园、托儿所和大中小学教学楼等建筑时，拟建建筑规划布局应符合现行《上海市城乡规划条例》（2018 年 12 月 20 日上海市第十五届人民代表大会常务委员会第八次会议第三次修正）、《上海市城市规划管理技术规定（土地使用　建筑管理）》（沪府令〔2003〕12 号）和《上海市日照分析技术规范》（沪规划资源建〔2021〕437 号）等本市规划管理的相关规定，对建设项目可能产生的日照影响进行分析，确定建筑间距，满足自身日照要求，且不影响相邻有日照要求的建筑和场地。

2 国家及本市现行标准有关日照的规定：《民用建筑设计统一标准》GB 50352、《城市居住区规划设计标准》GB 50180、《综合医院建筑设计规范》GB 51039、《中小学校设计规范》GB 50099、《建筑日照计算参数标准》GB/T 50947、《疗养院建筑设计标准》JGJ/T 40、《托儿所、幼儿园建筑设计规范》JGJ 39、《住宅设计标准》DGJ 08—20 等日照相关规定。

3 达标判定原则：对于周边建筑，本市规划管理和国家及本市现行标准对其日照标准有量化要求的，可以模拟计算报告来判定达标；对于周边的非住宅建筑，若现行设计标准对其日照标准没有量化的要求，则可以不进行日照的模拟计算，只要其满足控制性详细规划即可判定达标。

【评价方式】

1 预评价：查阅相关设计文件（含规划批复文件、总平面设计图等）、日照分析报告及附图。

2 评价：查阅相关竣工图、日照分析报告及附图。

8.1.2 本条适用于各类民用建筑的预评价和评价。

现行行业标准《城市居住区热环境设计标准》JGJ 286 对居住区详细规划阶段的热环境设计进行了规定，给出了设计方法、指标、参数。项目规划设计时，应充分考虑场地内热环境的舒适度，采取有效措施改善场地通风不良、遮阳不足、渗透不强的一系列问题，降低热岛强度，提高环境舒适度。本条要求项目按现行行业标准《城市居住区热环境设计标准》JGJ 286 进行热环境设计。当项目场地布置情况不符合上述标准的规定性设计要求时，应进行室外热环境模拟计算并进行合理优化，使场地室外平均热岛强度≤1.5℃。如项目处于非居住区规划范围内，符合其城乡规划要求即为达标。

【评价方式】

1 预评价：查阅室外景观总平图、乔木种植平面图、构筑物设计详图（需含构筑物投影面积值）、屋面做法详图及道路铺装详图等设计文件，场地热环境计算报告（如为规定性设计，应包含迎风面积比、遮阳覆盖率等内容；如为评价性设计，应包含逐时湿球黑球温度和平均热岛强度）。

2 评价：查阅相关竣工图、场地热环境计算报告。

8.1.3 本条适用于各类民用建筑的预评价和评价。

上海选用玻璃幕墙体系作为外立面的建筑数量较多，本条旨在对玻璃幕墙的光污染进行控制，降低其对周边居民及机动车驾驶员的不良视觉影响。

玻璃幕墙光污染产生的眩光会让人感到不舒适。项目应满足现行国家标准《建筑环境通用规范》GB 55015、《上海市建筑玻璃幕墙管理办法》(2018 年 12 月 7 日上海市政府令第 15 号)、《上海市生态环境局关于进一步规范组织建筑玻璃幕墙光反射影响论证工作的通知》(沪环评〔2024〕98 号)及现行上海市工程建设规范《建筑幕墙工程技术标准》DGJ 08—56 等政策文件、标准对建筑玻璃幕墙光反射影响控制措施的规定。此外,太阳能设施的光污染控制需符合本市政策文件和标准要求。

【评价方式】

1 预评价:查阅玻璃幕墙光反射分析专项报告、玻璃幕墙施工图等设计文件。

2 评价:查阅幕墙竣工验收文件、玻璃幕墙光反射分析专项报告、玻璃的光学性能检验报告及其进场复验报告。

8.1.4 本条适用于各类民用建筑的预评价和评价。

配建的绿地应符合本市城乡规划的要求,应根据本市气候、土壤和环境等条件合理选择绿化方式。

本条作为控制项,执行时应满足下列要求:

1 应合理选择绿化方式。规划场地应根据居住人口规模等因素提出配建的绿地控制要求。大面积的草坪不但维护费用昂贵,其生态效益也远远小于乔木、灌木。因此,应根据植物的不同特征(如高矮、冠幅大小、光及空间需求等)差异而组合配置乔木、灌木和草坪,进行立体多层次种植,以求在单位面积内充分利用土地、阳光、空间、水分和养分而达到最大生成量。应以乔木为主,灌木填补林下空间,地面栽花种草,在垂直面上形成乔木、灌木、草坪空间互补和重叠的效果,并充分考虑场地冬季日照和夏季遮阴的需求,这不仅能够提高绿地的空间利用率,还能使有限的绿地发挥更大的生态效益。

2 应合理选择植物配置。应选用适应本市气候和所在地土壤种植，在常规绿化栽培技术条件下，不需要特殊保护措施能正常生长发育且保持原有优良性状，病虫害少、无针刺、无落果、无飞絮、无毒、无花粉污染、不易导致过敏、含碳率高的植物种类。其中，含碳率高的植物品种的选择，可参考上海市地方标准《城市森林碳汇计量监测技术规程》DB 31/T 1234—2020 中的附录 A“上海部分树种含碳率”。应注意季相变化和常绿落叶树种的合理搭配，保证景观效果的长效性。应尽可能不使用果毛、飞絮较多的树种，严禁选用毒性植物及海枣、丝兰等枝叶有硬刺的植物。

3 应合理选择覆土深度。种植区域覆土深度和排水能力应满足乔木、灌木、草坪自然生长的需要。种植区域的覆土深度应满足项目所在地园林主管部门对覆土深度的要求。一般而言，深根系乔木大于 1.5 m，普通乔木大于 1.2 m，灌木大于 0.5 m，草坪大于 0.3 m。鼓励各类公共建筑进行屋顶绿化、垂直绿化、沿口绿化、棚架绿化等多层次种植。其中，墙面攀爬或墙面贴植宜设置在开窗少、夏季阳光辐射大的东、西侧外墙，避免绿化对建筑采光通风日照的影响，同时充分利用周边绿地进行栽植。

【评价方式】

1 预评价：查阅规划批复文件、相关设计文件（含景观总平面图、景观设计说明、种植平面图、屋顶绿化平面图、垂直绿化种植图、苗木表等，明确覆土深度和排水设计）。

2 评价：查阅规划批复文件、相关竣工图、绿地计算书、苗木采购清单等。

8.1.5 本条适用于各类民用建筑的预评价和评价。

场地的竖向设计应有利于雨水通过河、湖、池塘等水系，以及绿地、花园、可渗透路面等配套设施下渗、滞蓄、净化、回用，剩余部分径流通过管网、泵站外排，缓减内涝压力。

本条作为控制项，执行时应满足下列要求：

1 场地的竖向设计应符合现行国家标准《民用建筑设计统

一标准》GB 50352、《民用建筑通用规范》GB 55031 和现行行业标准《城乡建设用地竖向规划规范》CJJ 83 的规定。

2 场地的竖向设计应有利于场地雨水重力自流进入绿色雨水基础设施，应避免或减少采用雨水蓄水池等灰色雨水设施；应合理设计径流途径，创造有利于雨水下渗、滞蓄或收集回用的条件，并充分利用绿地和场地空间实施下渗。

3 雨水是否收集回用或者调蓄排放，应根据项目的具体情况和项目所在地海绵城市建设的规划要求，通过技术经济可行性研究确定。

4 应充分考虑场地与相邻基地的关系，并有防止客水侵入的措施。既不应将本场的雨水排向相邻基地，也不应让本场以外的过境雨水进入而产生内涝。

【评价方式】

1 预评价：查阅规划批复文件、相关设计文件（地形图、岩土工程勘察报告、总平面设计图、场地竖向设计图、室外雨水排水平面图等）、年径流总量控制率计算书、设计控制雨量计算书、海绵城市专项设计文件。

2 评价：查阅相关竣工图、年径流总量控制率计算书、设计控制雨量计算书、海绵城市专项设计文件。

8.1.6 本条适用于各类民用建筑的预评价和评价。

建筑和场地应设置便于识别和使用的标识系统，包括导向标识和定位标识等，能够为建筑使用者带来便捷的使用体验。国家标准《公共建筑标识系统技术规范》GB/T 51223—2017 第 2.0.3 条规定“标识”是“在公共建筑空间环境中，通过视觉、听觉、触觉或其他感知方式向使用者提供导向与识别功能的信息载体”，第 2.0.4 条规定“公共建筑标识系统”是“服务于公共建筑的全部标识总称”。标识一般有人车分流标识、公共交通接驳引导标识、易于老年人识别的标识、满足儿童使用需求与身高匹配的标识、无障碍标识、楼座及配套设施定位标识、健身慢行道导向标识、健身楼梯间导向标识、公共卫生间导向标识，以及其他促进建筑便捷使用的导向标识等。在标识系统设计和设置时，应考虑建筑使用者的识别习惯，通过色彩、形式、字体、符号等整体进行设计，形成统一性和可辨识度。同时，考虑老年人、残障人士、儿童等不同人群对于标识的识别和感知的方式。例如，老年人由于视觉能力下降，需要采用较大的文字、较易识别的色彩系统等；儿童由于身高较低、识字量不够等，需要采用高度适合、色彩与图形化结合等方式的识别系统等。

本条作为控制项，执行时应满足下列要求：

1 建筑用地红线范围内的室内外空间，公共建筑均应根据现行国家标准《公共建筑标识系统技术规范》GB/T 51223 的规定进行标识系统的专项设计，并安装标识系统，相关工作应与景观设计、装修设计、施工同步进行。住宅建筑可以参照执行。

2 应根据不同使用人群的特点设置适宜的标识引导系统，体现出对不同人群的关爱。标识应设置在场地内显著位置，应能反映一定区域范围内的建筑与设施分布情况，并提示当前位置等。标识应沿通行路径布置，构成完整和连续的引导系统。

【评价方式】

1 预评价：查阅相关设计文件（标识系统设计）。

2 评价：查阅相关竣工图（标识系统）。

8.1.7 本条适用于各类民用建筑的预评价和评价。

建筑场地内不应存在未达标排放或者超标排放的气态、液态或固态的污染源。例如，易产生噪声的运动和营业场所，油烟未达标排放的厨房，煤气或工业废气超标排放的燃煤锅炉房，污染物排放超标的垃圾堆等。若有污染源，应积极采取相应的治理措施并达到无超标污染物排放的要求。

本条作为控制项，执行时应满足下列要求：

1 对纳入生态环境部《建设项目环境影响评价分类管理名录（2021 年版）》（生态环境部令〔2020〕16 号）的建设项目，应严格按照环境影响报告书（表），针对污染因子、生态影响因子特征及其所处环境的敏感性质和敏感程度，积极采取相应治理措施，场地内的气态、液态或固态污染物不得未达标排放或者超标排放。

2 对根据国家及本市环境保护相关政策，不纳入本市建设项目环评管理的项目，应严格遵守国家及本市环境保护法律、法规和标准要求，积极采取相应治理措施，确保污染物达标排放，并接受各级生态环境主管部门的日常监督管理。

3 建设时场地内及周边不能存在污染源，既有的污染源必须治理合格；建成后，不能产生新的排放超标污染源。

【评价方式】

1 预评价：查阅相关设计文件（含体现相关污染源所在位置及其治理措施的建筑总平面图等）、环境影响报告书（表）、场地内各类污染源及其治理措施分析报告。

2 评价：查阅相关竣工图、环境影响报告书（表）、场地内各类污染源及其治理措施分析报告、必要的检测报告（废水、废气和固体废弃物等）。

8.1.8 本条适用于各类民用建筑的预评价和评价。

项目应根据《上海市生活垃圾管理条例》（2019 年上海市人民代表大会公告第 11 号）和所在地贯彻落实该条例推进垃圾全程分类体系建设的规定，合理规划和设置生活垃圾收集容器、垃圾房和垃圾收集站等垃圾收集设施，评价时应制定垃圾分类收集管理制度。

本条作为控制项，执行时应满足下列要求：

1 应根据垃圾产生量和种类合理设置垃圾分类收集设施，其中有害垃圾必须单独收集、单独清运。垃圾收集设施规格和位置应符合国家和本市有关标准的规定，其数量、外观色彩及标志应符合垃圾分类收集的要求，并置于隐蔽、避风处，与周围景观相协调。垃圾分类收集设施应坚固耐用，防止垃圾无序倾倒和露天堆放。

2　应综合考虑建筑布局、环境卫生、风向影响，重视生活垃圾收集容器、垃圾房和垃圾收集站的环境卫生与景观美化问题，做到密闭并相对位置固定，方便生活垃圾投放、收集人员和车辆的操作。垃圾房和垃圾收集站应具备定期冲洗和消毒条件，主要通道应符合进站车辆最大宽度、最高高度及荷载要求，并能做到及时密闭清运。

【评价方式】

1　预评价：查阅相关设计文件（含环境卫生设计说明以及生活垃圾收集容器、垃圾房和垃圾收集站布置图等）。

2　评价：查阅相关竣工图、垃圾收集设施布置图；投入使用的项目尚应查阅相关管理制度、工作记录，并现场核实。

8.2　评分项

Ⅰ　场地生态与景观

8.2.1　本条适用于各类民用建筑的预评价和评价。

建筑布局及景观充分利用原有地形地貌，保护或修复场地生态环境。

第1款：建设项目应对场地的地形和场地内可利用的资源进行勘察，充分利用原有地形地貌进行场地设计以及建筑、生态景观的布局，尽量减少土石方量，减少开发建设过程对场地及周边环境生态系统的改变。在建设过程中，确需改造场地内的地形、地貌、水体、植被等时，在工程结束后及时采取生态复原措施，减少对原场地环境的改变和破坏。场地内外生态系统保持衔接，形成连贯的生态系统更有利于生态建设和保护。例如，场地内部水系应贯通，并与周边水系相连接，确保水体正常交换；在内部水系与周边水系相连接的进水口和出水口处建造水闸，对总体水量和水体交换进行控制；水流动力应尽可能利用潮汐、降雨季节变化等自然力量进行；场地内、外的陆域植被、水域植被，应按照层次和结构进行连贯，其中陆域植被含乔木、灌木与地面草本，水域植被含挺水、浮水、飘浮和沉水植物。

第2款：表层土含有丰富的有机质、矿物质和微量元素，适合植物和微生物的生长，有利于生态环境的恢复。对于场地内未受污染的净地表层土进行保护和回收利用是土壤资源保护、维持生物多样性的重要方法。

第3款：基于场地资源与生态诊断的科学规划设计，在开发建设的同时采取符合场地实际的技术措施，并提供足够证据表明该技术措施可有效实现生态恢复或生态补偿，可参与评审。例如，在场地内规划设计多样化的生态体系，如湿地系统、乔灌草复合绿化体系、结合多层空间的立体绿化系统等，为本土动物提供生物通道和栖息场所；采用生态驳岸、生态浮岛等措施增加本地生物生存活动空间，充分利用水生动植物的水质自然净化功能保障水体水质。对于本条未列出的其他生态恢复或补偿措施，只要申请方能够提供足够相关证明文件即可认为满足得分要求。

【评价方式】

1 预评价：查阅场地原有地形图（体现场地开发前的原有地形地貌）、相关设计文件（带地形的规划设计图、总平面图、竖向设计图、景观设计总平面图等）、植被保护方案（包括保留场地内全部原有中龄期以上的乔木等）、水面保留方案、表层土利用方案（包括表层土回收计划或方案、表层土收集利用量计算书等）。

2 评价：查阅相关竣工图、生态补偿方案（植被保护方案及记录、水面保留方案、表层土利用相关图纸或说明文件等）、施工记录、影像材料（水体和植被修复改造、表层土收集利用过程照片等）。

8.2.2 本条适用于各类民用建筑的预评价和评价。

对于幼儿园、中小学校、医院等建筑绿地，本条第2款第2项，可直接得分。

第1款：乔木规格应符合现行行业标准《园林绿化木本苗》

CJ/T 24 的规定。根据现行国家标准《城市居住区规划设计标准》GB 50180，集中绿地是指居住街坊配套建设、可供居民休憩、开展户外活动的绿化场地。集中绿地应满足的基本要求如下：①宽度不小于 8 m，面积不小于 400 m^2；②应设置供幼儿、老年人在家门口日常户外活动的场地；③应有不少于 1/3 的绿地面积在标准的建筑日照阴影线(即日照标准的等时线)范围之外，并在此区域设置供儿童、老年人户外活动场地，为老年人及儿童在家门口提供日常游憩及游戏活动场所。

第 2 款：本条鼓励公共建筑项目优化建筑布局，提供更多的绿化用地或绿化广场，创造更加宜人的公共空间；鼓励绿地或绿化广场设置休憩、娱乐等设施并全时或定时向社会公众免费开放，以提供更多的公共活动空间。宿舍建筑可以按公共建筑评价。

【评价方式】

1 预评价：查阅规划许可的设计文件、相关设计文件(含建筑总平面图、景观总平面图、景观设计说明、种植平面图)、日照分析报告、人均集中绿地面积计算书、绿地向公众开放说明及附图。

2 评价：查阅相关竣工图、日照分析报告、人均集中绿地面积计算书、绿地向公众开放说明及附图。

8.2.3 本条适用于各类民用建筑的预评价和评价。对于幼儿园、中小学校，室外不设置吸烟区并且在显著位置设置禁烟标志，直接判定本条得分。对于其他类型建筑，如果场地也不适宜设置吸烟区，并且能提供证明的，也可以判定本条直接得分，但需要在室外显著位置设置禁烟标志。

第 1 款：室外吸烟区的选择必须避免人员密集区、建筑出入口、雨篷等半开敞的空间、可开启窗户、建筑新风引入口、儿童和老年人活动区域等位置。

第 2 款：吸烟区内须配置垃圾筒和吸烟有害健康的警示标识。吸烟区的导向标识、警示标识的最远距离与标识本体的尺寸应符合现行国家标准《公共建筑标识系统技术规范》GB/T 51223 等的规定。

【评价方式】

1 预评价：查阅相关设计文件（含建筑总平面图、含吸烟区布置的景观施工图、标识系统图等）、场地不适宜设立吸烟区的证明文件。

2 评价：查阅相关竣工图（含建筑总平面图、含吸烟区布置的景观竣工图、标识系统图等）、影像资料、场地不适宜设立吸烟区的证明文件。

8.2.4 本条适用于各类民用建筑的预评价和评价。

本条参考现行国家标准《环境空气质量标准》GB 3095、《恶臭污染排放标准》GB 14554、现行行业标准《生活垃圾收集站技术规程》CJJ 179 和现行上海市工程建设规范《生活垃圾收集站（压缩式）设置标准》DG/TJ 08—402 的规定，并结合《上海市生活垃圾管理条例》（2019 年上海市人民代表大会公告第 11 号）的总体要求，生活垃圾收集站和垃圾房应设置通风、除尘、除臭、隔声等环境保护设施，以及消毒、杀虫、灭鼠等装置。生活垃圾收集站及垃圾房应设置垃圾桶清洗装置，垃圾收集箱应密闭可靠，收集、运输过程中无污水滴漏。

【评价方式】

1 预评价：查阅相关设计文件（含环境卫生设计说明、垃圾收集站及垃圾房布置图等）。

2 评价：查阅相关竣工图（含环境卫生设计说明、垃圾收集站及垃圾房布置图等）、管理制度、工作记录，并现场核实。

Ⅱ 海绵城市

8.2.5 本条适用于各类民用建筑的预评价和评价。

第 1 款：年径流总量控制率，指通过自然和人工强化的入渗、滞蓄、调蓄和收集回用，场地内累计 1 年得到控制的雨水量占全年总降雨量的比例。执行本条时应满足下列要求：

（1）设计时，应根据年径流总量控制率对应的设计控制雨量来计算控制容积，并确定源头减排设施的规模、布局和最终方案，源头减排设施的规模、布局和径流组织应确保服务范围内的径流能进入相应的设施。有条件时，可通过相关雨水控制利用模型进行设计计算；也可采用简单计算方法，通过设计控制雨量、汇水面积来确定控制容积，再分别计算入渗、滞蓄、调蓄和收集回用等措施实现的控制容积，达到设计控制雨量对应的控制规模要求，即判定得分。

（2）计算年径流总量控制率时，应按源头减排设施或雨水排口的数量划分汇水分区。当存在2个及以上汇水分区时，应分别计算各汇水分区的年径流总量控制率，再按面积加权计算总的年径流总量控制率。

第2款：现行国家标准《建筑给水排水与节水通用规范》GB 55020规定，新建建筑与小区降雨的年径流总量和外排径流峰值的控制应达到建设开发前的水平。建设开发前的径流排放量与地表类型、土壤性质、地形地貌、植被覆盖率等因素有关。降雨外排径流峰值应按2年一遇最大24 h降雨计算。当无资料时，建设开发前的降雨外排径流峰值可按2年一遇最大24 h降雨的20%进行估算。

【评价方式】

1 预评价：查阅相关设计文件（含规划批复文件、地形图、岩土工程勘察报告、总平面设计图等）、海绵城市专项设计文件（含汇水分区平面图、海绵设施平面布置图、海绵设施定位坐标与定位尺寸图、场地竖向设计图、室外雨水排水平面图、海绵设施详图、雨水回用设施详图等）、年径流总量控制率计算书、设计控制雨量计算书等。

2 评价：查阅相关竣工图、海绵城市专项设计文件、年径流总量控制率计算书、设计控制雨量计算书等。

8.2.6 本条适用于各类民用建筑的预评价和评价。

年径流污染控制率等同于年均降雨径流污染物总削减率。在城市径流污染物中，固体悬浮物（SS）往往与其他污染物指标具有一定的相关性，因此，年径流污染控制率以年均降雨径流 SS 的削减量来计算。

【评价方式】

1 预评价：查阅相关设计文件（含规划批复文件、地形图、岩土工程勘察报告、总平面设计图等）、海绵城市专项设计文件（含汇水分区平面图、海绵设施平面布置图、海绵设施定位坐标与定位尺寸图、场地竖向设计图、室外雨水排水平面图、海绵设施详图、雨水回用设施详图等）、年径流污染控制率计算书、设计控制雨量计算书等。

2 评价：查阅相关竣工图、海绵城市专项设计文件、年径流污染控制率计算书、设计控制雨量计算书等。

8.2.7 本条适用于各类民用建筑的预评价和评价。

绿色雨水基础设施是指采用自然或人工模拟自然生态系统控制城市降雨径流的设施，具有滞峰、错峰、调峰的作用，包括雨水花园、下凹式绿地、屋顶绿化、植被浅沟、截污设施、渗透设施、雨水塘、雨水湿地、生态景观水体等。其中，雨水花园、生物滞留带、高位花坛、生态树池等，也称作生物滞留设施。绿色雨水基础设施有别于传统的灰色雨水设施（雨水口、雨水管道、调蓄池等），能够以自然的方式削减雨水径流、控制径流污染、保护生态水环境。

海绵城市专项方案比选时，应遵循低影响开发原则，绿色雨水设施优先、灰色雨水设施优化，充分利用场地空间条件，设置绿色雨水基础设施，如透水铺装、下凹式绿地、雨水花园、生物滞留设施等。通过场地竖向设计，有效组织场地地表径流进入绿色雨水基础设施，实现场地雨水就地入渗。源头减排设施的规模、布局和径流组织应确保服务范围内的径流能进入相应的设施。

第 1 款：利用场地内的水塘、湿地、低洼地等作为雨水调蓄设施，或利用场地内设计景观（如景观绿地、旱溪和景观水体）来调蓄雨水，可实现有限土地资源综合利用发挥更大效能的目标。能调蓄雨水的景观绿地包括下凹式绿地、雨水花园、树池、干塘等。绿地面积为计入绿地率的绿地的面积，涉及面积折算时，应遵循当地规划和园林部门的规定。下凹式绿地、雨水花园等雨水渗滞设施应设置溢流雨水口，溢流口标高应根据设施的雨水控制容积经计算确定，溢流雨水口和管道的排水能力应按设施收纳雨水的汇水面积和场地雨水设计重现期计算确定。

第 2、3 款：屋面雨水和道路雨水是建筑场地产生径流的重要源头，易被污染并形成污染源，故宜合理引导其进入绿色雨水基础设施进行调蓄、下渗和利用，如下凹式绿地、植草沟、树池等，通过植物截流、土壤过滤滞留处理小流量径流雨水，达到控制径流污染的目的。

第 4 款：通过透水铺装实现雨水下渗，是消减径流和径流污染、涵养地下水的重要途径之一。“硬质铺装地面”指场地中停车场、道路和室外活动场地等，不包括建筑占地（屋面）、绿地、水面、有大荷载要求的消防车道、展览馆的室外展区等。“透水铺装”指既能满足路用及铺地强度和耐久性要求，又能使雨水通过本身与铺装下基层相通的渗水路径，直接渗入下部土壤的地面铺装系统，包括采用透水铺装方式或使用植草砖、透水沥青、透水混凝土、透水地砖等透水铺装材料。当透水铺装下为地下室顶板时，若地下室顶板设有疏水板及导水管等可将渗透雨水导入与地下室顶板接壤的实土，或地下室顶板上覆土深度能满足当地园林绿化部门要求，仍可认定其为透水铺装地面，但覆土深度不得小于 600 mm。评价时，以场地硬质铺装地面中透水铺装所占的面积比例为依据。申报材料中应提供场地铺装图，要求明确透水铺装地面位置、面积、铺装材料和透水铺装方式。

【评价方式】

1 预评价：查阅相关设计文件（含规划批复文件、地形图、岩土工程勘察报告、总平面设计图等）、海绵城市专项设计文件（含汇水分区平面图、海绵设施平面布置图、海绵设施定位坐标与定位尺寸图、场地竖向设计图、室外雨水排水平面图、海绵设施详图等）、计算书（含设施的规模、汇入雨水量、设施滞蓄和入渗雨水的能力，下凹式绿地等的比例、屋面、场地雨水进入地面生态设施的比例、透水铺装面积比例等）。

2 评价：查阅相关竣工图、计算书。

Ⅲ 室外物理环境

8.2.8 本条适用于各类民用建筑的预评价和评价。

现行国家标准《声环境质量标准》GB 3096 中对各类声环境功能区的环境噪声等效声级限值进行了规定，见表 8。

表 8 各类声环境功能区的环境噪声等效声级限值[dB(A)]

声环境功能区类别		时段	
		昼间	夜间
0 类		50	40
1 类		55	45
2 类		60	50
3 类		65	55
4 类	4a 类	70	55
	4b 类	70	60

本条评价时，仅考虑室外环境噪声对人的影响，不考虑建筑所处的声环境功能分区，项目应尽可能地采取措施来实现环境噪声控制。本条可以通过合理选址规划来实现，也可以通过设置隔声屏障、植物防护等方式进行降噪处理。

【评价方式】

1　预评价：查阅环评报告(含有噪声检测)或独立的环境噪声影响测试评估报告、室外声环境模拟评估报告、室外声环境优化报告(噪声监测或模拟分析不满足得分要求时提供)，以及场地交通组织、规划总平面图、景观总平面图等设计文件，道路声屏障、低噪声路面等降噪施工图纸文件。

2　评价：查阅相关竣工图、声环境检测报告，并现场核实。

8.2.9　本条适用于各类民用建筑的预评价和评价。

对于未设置室外照明及室外显示屏的建筑项目或者相邻建筑为非住宅建筑的项目，第1款直接得分；未设置室外显示屏的建筑项目，第2款直接得分。

第1款：国家标准《建筑环境通用规范》GB 55016—2021的第3.4节对室外照明作出了规定。参评建筑项目在满足该标准的基础上，若在室外照明方面达到更好的结果，就可以获得相应的得分。条文中的“居住空间”包括住宅的卧室和起居室、宿舍、旅馆的客房等。“建筑室外”的边界是指参评项目建设场地范围内，建设场地之外不在本条的评价范围内。条文中对环境区域划分依据国家标准《室外照明干扰光限制规范》GB/T 35626—2017和行业标准《城市夜景照明设计规范》JGJ/T 163—2008，具体见表9。

表9　城市环境亮度的区域划分

环境亮度类型	严格控制照明区域	低亮度区域	中等亮度区域	高亮度区域
区域代号	E1	E2	E3	E4
对应区域	森林公园 自然保护区	城郊居住区	城市居住区及 一般公共区	城市中心区 商业区

鉴于绝大部分建筑均建于E2～E4区域，因此本条在国家标准《建筑环境通用规范》GB 55016—2021的基础上，对建于这3个区域的建筑给出了更高的得分要求。

第 2 款：对建筑室外设置的显示屏表面平均亮度进行限制，避免对周边产生光污染影响，影响居民的正常生活和休息。

【评价方式】

1 预评价：查阅室外夜景照明光污染分析报告、夜景照明及室外显示屏设计方案（含计算书）、景观照明施工图等设计文件。

2 评价：查阅相关竣工图、室外夜景照明光污染检测报告，并现场核实。

8.2.10 本条适用于各类民用建筑的预评价和评价。

场地的风环境直接影响着室外活动的安全性与舒适性，同时也是室内自然通风的重要前提。良好的风环境应当风速合理，风速过大影响人员舒适或可能导致次生灾害，完全静滞则会影响室外空气新鲜度和热舒适度。随着城市规模越来越大，诸多发达国家和发达城市均对风环境优化、减少风害进行了规定。这些规定要求在设计阶段就必须提供相应的分析报告，并据此优化风环境。

第 1 款：主要针对冬季风环境，若只有 1 排建筑，本条第 1 款第 2 项直接得分。对于有半下沉室外空间、屋顶或裙房上人区的，本条也需对相对人行区高度进行评价。

本条人行区是指区域范围内主要功能可供行人通行和停留的场所。冬季建筑物周围人行区距地 1.5 m 高处风速小于 5 m/s 是不影响人们正常室外活动的基本要求。建筑的迎风面与背风面风压差不超过 5 Pa，可以减少冷风向室内渗透。建筑的迎风面和背风面压差有助于建筑的自然通风，但对于开口大小灵活多变的建筑，建筑室内并非总是 0 Pa，因此规定建筑的最小风压差为 0.5 Pa。

本条主要依据 CFD（计算流体力学）技术对不同季节典型风向、风速下建筑外风环境进行模拟，模拟结果应包括以下内容以分析风环境关键性能：

1 不同季节、不同来流风条件下，场地内 1.5 m 高处的风速分布。

2 不同季节、不同来流风条件下，冬季室外活动区的风速放大系数。

3 不同季节、不同来流风条件下，建筑首层及典型楼层迎风面与背风面(或主要开窗面)表面的压力分布。

项目进行 CFD 模拟分析时，应符合现行行业标准《民用建筑绿色性能计算标准》JGJ/T 449 的相关要求。计算的边界条件应以实测数据或上海地区最新的气象参数标准为准。

【评价方式】

1 预评价：查阅项目总平面图、景观绿化总平面图等设计文件，室外风环境模拟计算分析报告，场地周边建筑物的实景影像资料。

2 评价：查阅预评价方式涉及的竣工验收文件，室外风环境模拟计算分析报告，本项目及场地周边建筑物的实景影像资料，并现场核实。

8.2.11 本条适用于各类民用建筑的预评价和评价。

热岛现象在夏季出现，不仅会使人们高温中暑的概率变大，同时还容易形成光化学烟雾污染，并增加建筑的空调能耗，给人们的生活和工作带来负面影响。室外硬质地面采用遮阴措施可有效降低室外活动场地地表温度，减少热岛效应，提高场地热舒适度。

第 1 款：主要针对住宅建筑。住宅建筑一般无屋顶绿化，因此重点关注场地上的建筑自遮阴和其他遮阴措施的总面积。

第 2 款：主要面向公共建筑。上海公共建筑的屋顶已逐步成为城市的第五立面，其舒适性也应当重点关注。

具体计算评估时，应符合以下要求：

(1) 建筑阴影区为夏至日 8:00—16:00 时段在 4 h 日照等时线内的区域。

(2) 乔木遮阴面积按照成年乔木的树冠正投影面积计算；构筑物遮阴面积按照构筑物正投影面积计算。

(3) 上述第(1)项和第(2)项不重复计算。

(4) 计算比例的分母应当是所述对象的总面积,而非项目红线面积。

(5) 室外活动场地不包括机动车道和机动车停车场。

【评价方式】

1 预评价:第1款查阅规划总平面图、乔木种植平面图、乔木苗木表等设计文件,日照分析报告,户外活动场地遮阴面积比例计算书;第2款查阅项目场地内道路交通组织、路面构造做法大样等设计文件,机动车道遮阴比例计算书;公共建筑第3款查阅屋面施工图、屋面设施平面布置图、做法大样等设计文件,屋面遮阴比例计算书。

2 评价:查阅规划、景观竣工验收文件,第1款还应查阅日照分析报告、户外活动场地遮阴面积比例计算书;第2款还应查阅机动车道遮阴比例计算书;公共建筑第3款还应查阅屋面遮阴比例计算书,并现场核实。

9 提高与创新

9.1 一般规定

9.1.1 绿色建筑全寿命期各环节和阶段，都有可能在技术、产品选用和管理方式上进行性能提高和创新。为鼓励性能提高和创新，设置了相应的评价项目，比照"控制项"和"评分项"，本标准将此类评价项目称为"加分项"。

9.1.2 加分项的评定结果为某得分或不得分。考虑到与总得分要求的平衡，以及加分项对建筑绿色性能的贡献，本标准对加分项得分作了最高 100 分的限制。某些加分项是对前面章节评分项的提高，符合条件时，加分项和相应评分项均可得分。

9.2 加分项

9.2.1 本条适用于各类民用建筑的预评价和评价。

我国不同地区的气候、地理环境、自然资源、经济发展与社会习俗等都存在差异，因此绿色建筑的设计应注重地域性特点，因地制宜、因势利导地控制各类不利因素，有效利用对建筑和人的有利因素，以实现极具上海地域特色的绿色建筑风貌设计。绿色建筑设计还可吸收传统建筑中适应生态环境、符合绿色建筑要求的设计元素、方法乃至建筑形式，采用传统技术、本土适宜技术实现具有上海地区特色的建筑文化传承。本条所指"因地制宜"是指在前述条文基础上，进一步传承各区域建筑文化、创新利用自然环境、充分利用场地既有资源的设计。

第 1 款：根据《国务院关于上海市城市总体规划的批复》(国

函〔2017〕147号)中对塑造城市特色风貌的要求,应“坚持社会主义核心价值体系,进一步挖掘上海城市丰富的文化内涵,延续历史文脉,留住城市记忆,激发城市文化创新创造活力,提升城市软实力和吸引力。落实历史文化遗产保护和紫线管理要求,完善城市、镇、村的保护层次和体系,强化对历史城区风貌格局的整体保护,加强对中共一大会址等各级文物保护单位、外滩近代建筑保护区等历史文化街区、历史建筑、工业遗产等的保护。做好城市设计,保护自然山水格局和城市肌理,加强对重要地段建筑高度、体量和样式的规划引导和控制,彰显自然、传统和现代有机交融,东西方文化相得益彰的城市特色”。根据崇明世界级生态岛发展“十三五”规划,崇明地区应按照充分体现中国元素、江南韵味、海岛特色的要求,调整完善控制性详细规划,加强城市设计,全域严格控制高层建筑,崇明岛新建建筑高度原则控制在18 m以下,注重建筑空间的梯度和层次,促进建筑高度、密度、形态、色彩等形成和谐多元的整体风貌。对于场地内的历史建筑进行保护和利用,也属于本条规定的传承地域建筑文化的范畴。目前,上海各区共有一千余处优秀历史建筑,并有一大批国家级和市级文物保护单位。为进一步加强法规支撑,《上海市历史文化风貌区和优秀历史建筑保护条例》(2019年9月26日上海市第十五届人民代表大会常务委员会第十四次会议第三次修正)对各类保留建筑赋予了法律身份。

第2款:强调创新利用及融合自然场地或生态环境,充分利用气候条件和场地禀赋进行建筑布局、形式、表皮和内部空间设计,并明显提升两个方面以上绿色性能。如依山就势设计半地下空间,既减少土方开挖,又可充分利用自然采光与通风;如通过设计将建筑与自然水体融合,既保护原有生态环境,又营造良好的微环境。如设计采用可变外墙,设计应用本土绿化植物作为外围护结构构造的外表皮——可生长植物外墙,既具有景观绿化效果,又具有遮阳隔热、降尘降噪、生态修复的作用,设计维护得当,耐久性不亚于传统外墙饰面；设计采用光伏/光热外墙一体化设计；采用其他具有气候适应性的新型墙体材料。所采取的技术措施若适用于本标准其他条文且得分，本款不重复得分。

第 3 款：强调对废弃场地和旧建筑的充分利用。我国城市可建设用地日趋紧缺，对废弃场地进行改造并加以利用是节约集约利用土地的重要途径之一。利用废弃场地进行绿色建筑建设，在技术难度、建设成本方面都需要付出更多努力和代价。因此，对于优先选用废弃场地的建设理念和行为进行鼓励。绿色建筑可优先考虑合理利用废弃场地，对土壤中是否含有有毒物质进行检测与再利用评估，采取土壤污染修复、污染水体净化和循环等生态补偿措施进行改造或改良，确保场地利用不存在安全隐患，符合国家有关标准的要求。本款所指的“旧建筑”系指建筑质量能保证使用安全的旧建筑，或通过少量改造加固后能保证使用安全的旧建筑。虽然目前多数项目为新建，且多为净地交付，项目方很难有权选择利用旧建筑，但仍需对利用“可使用的”旧建筑的行为予以鼓励，防止大拆大建。对于一些从技术经济分析角度不可行，但出于保护文物或体现风貌而留存的历史建筑，不在本条中得分。

【评价方式】

1 预评价：查阅相关施工图设计图纸及证明文件。

2 评价：查阅相关竣工图设计图纸及证明文件，并现场核实。

9.2.2 本条适用于各类民用建筑的预评价和评价。

第 1 款：在本标准评分项第 5.2.1 条的基础上进一步提升了要求，具体数值参考国际相关健康标准室内空气污染物浓度规定制定。预评价时，可仅对室内空气中的甲醛、苯、总挥发性有机物 3 类进行浓度预评估。除此之外，不论预评价或评价，不论项目是否全装修，均统一按本条要求执行。

第 2 款：根据上海地区全年室外空气湿度的分析提出设计策

略引导。上海地处长江中下游地区，根据气象数据研究发现，全年有 30%以上的时间相对湿度超过 80%，而过高的相对湿度会对敏感性人群产生消极的健康作用。现行国家标准《热环境的人类工效学　通过计算 PMV 和 PPD 指数与局部热舒适进行分析测定与解释》GB/T 18049 推荐将相对湿度维持在 30%～70%限度，可减少潮湿或干燥对皮肤及眼睛的刺激，降低静电、细菌生长和呼吸性疾病的危害，有助于营造人体舒适和健康的室内空气湿度环境。

住宅建筑和公共建筑具有不同使用特征，可分别通过以下措施达到本款要求：

（1）住宅建筑：设置集中新风系统或户式新风系统，并进行室外高湿情况下的新风除湿能力验算，确保仅开启新风时可以满足除湿的需要；为新风机或空调箱设置加湿段，并对加湿段在冬季采暖工况下的控制湿度能力进行验算，或者为建筑配备移动式除湿机或加湿器。

（2）公共建筑：进行室外高湿情况下的新风除湿能力的验算，确保仅开启新风时可以满足除湿的需要；为新风机或空调箱设置加湿段，并对加湿段在冬季采暖工况下的控制湿度能力进行验算。

【评价方式】

1　预评价：查阅建筑设计文件、暖通设计图纸、机电设备表，建筑及装修材料使用说明（种类、用量），污染物浓度预评估分析报告，除湿、加湿计算报告等。

2　评价：查阅建筑、暖通、装修竣工文件，建筑及装修材料使用说明（种类、用量），污染物浓度预评估分析报告和室内空气质量验收检测报告、室内颗粒物浓度计算报告，除湿、加湿计算报告，相关产品采购技术规格书、调试报告等，并现场核实。

9.2.3　本条适用于各类民用建筑的预评价和评价。

1　对于住宅建筑

（1）预评价及投入使用不足 1 年的项目应计算建筑的供暖空

调和照明系统能耗(照明能耗只考察公共区域,不包括套内照明能耗),并进行比较,即根据现行国家标准《建筑节能与可再生能源利用通用规范》GB 55015 中节能参数要求,分别计算设计建筑及满足现行国家标准《建筑节能与可再生能源利用通用规范》GB 55015 规定的参照建筑供暖空调能耗和照明系统能耗,计算其节能率并进行得分判定。如现行国家标准《建筑节能与可再生能源利用通用规范》GB 55015 中未提及相关参数设置及计算方法(如设计建筑与参照建筑系统形式的选择等),可参考行业标准《民用建筑绿色性能计算标准》JGJ/T 449—2018 中第 5.3 节的相关设置要求。

(2) 对于投入使用满 1 年的项目,主要评价建筑围护结构、冷热源设备参数、照明功率密度等是否符合能耗分析计算中参数设置要求,且其运行能耗应满足国家现行有关能耗标准的规定。

2 对于公共建筑

(1) 预评价及投入使用不足 1 年的项目应计算建筑的供暖空调和照明系统能耗,并进行比较,即根据现行国家标准《建筑节能与可再生能源利用通用规范》GB 55015 中节能参数要求,分别计算设计建筑及满足现行国家标准《建筑节能与可再生能源利用通用规范》GB 55015 规定的参照建筑供暖空调能耗和照明系统能耗,计算其节能率并进行得分判定。如现行国家标准《建筑节能与可再生能源利用通用规范》GB 55015 中未提及相关参数设置及计算方法(如设计建筑与参照建筑系统形式的选择、热回收系统的设置、冷却水系统设置等),可参考行业标准《民用建筑绿色性能计算标准》JGJ/T 449—2018 中第 5.3 节的相关设置要求。

(2) 对于投入使用满 1 年的项目,本条要求建筑实际能耗与本市现行建筑能耗相关标准中规定的约束值进行比较,根据建筑实际运行能耗低于约束值的百分比进行节能率得分判断。需要说明的是,当建筑运行后实际人数、小时数等参数和相关标准中的约束值不同时,应对建筑实际能耗进行修正。

本市建筑能耗相关标准中未覆盖的建筑类型，参考现行国家有关建筑能耗标准；国家和本市现行有关建筑能耗标准均未覆盖的建筑类型，其建筑运行阶段能耗评价参考第 1 款。

【评价方式】

1 预评价：查阅相关设计文件（暖通、电气、内装专业施工图纸及设计说明）、建筑暖通及照明系统能耗模拟计算书。

2 评价：查阅相关竣工图，建筑暖通及照明系统能耗模拟计算书、机电系统运行调试记录等。对于投入使用满 1 年的项目，尚应查阅建筑运行能耗统计数据。

9.2.4 本条仅适用于国家机关办公建筑和大型公共建筑的预评价和评价。

本标准第 7.1.4 条规定了在建筑用能系统中照明插座系统应实现独立分项计量。根据调研，国家机关办公建筑和大型公共建筑在整个建筑领域的能耗中占有较大的比例，照明能耗占比 30%左右，由于照明和插座系统未分开计量，较难判别照明能耗对整个建筑能耗的影响，也不利于进一步挖掘照明能耗降低的潜力。因此，本条提出在照明插座分项计量的基础上，对国家机关办公建筑和大型公共建筑的照明系统能耗进行独立计量，且照明分项至少应包含室内照明、公共区域照明和应急照明、室外景观照明 3 个分项计量子项。

【评价方式】

1 预评价：查阅电气等相关专业施工图及设计说明、分类分项计量施工图。

2 评价：查阅电气等相关专业竣工图及设计说明、分类分项计量竣工图、数据上传相关证明文件、分项计量能耗监测的数据记录，必要时现场核查。

9.2.5 本条适用于各类民用建筑的预评价和评价。

传统电力系统采取的生产组织模式是实时的"源随荷动"，即用一个精准实时可控的传统发电系统，去匹配一个基本可测的用电系统，并在实际运行过程中滚动调节，实现电力系统安全可靠运行。这种模式下，需求侧的波动性是影响电网效率和质量的关键因素之一，也阻碍了电网低成本深度脱碳。建筑电力交互(GIB)是指应用信息通信技术和负荷调控技术，使建筑电力用户具备响应电网调峰、调频、备用等各类调度指令，实现电力供给侧与需求侧动态平衡的建筑用能管理技术，一般由建筑能耗管理系统和建筑可调节设备(包括产能装置、储能设施、调节装置以及用电设备等)构成。通过这种方式，建筑可在用电高峰时段降低用电负荷，减轻电网压力。由于储能设施可以缓解太阳能光伏等可再生能源自身发电的间歇性给配电网带来的可靠性和稳定性问题，使得这种方式也可以支持可再生能源电力提高在电网中供电比例，实现“荷随源动”，进而使电网具备更高的灵活性、韧性以及低碳排放。

上海市在2023年发布政策，鼓励建筑、充电桩等企业积极参与虚拟电厂调节，也是鼓励“荷随源动”的重要举措，可降低全社会刚性用电峰值，在提高用电安全的同时降低宏观碳排放。

储能、建筑设备智能调节、建筑电动汽车交互、智能微电网、虚拟电厂等技术措施均可实现建筑电力交互。判断建筑电力交互能力的关键指标是负荷调节比例，该指标考核的具体内容是在建筑用电时段2 h内，建筑主动调节的用电负荷相对建筑尖峰用电负荷的比例。因此，一般情况下，负荷调节要求的2 h就是指建筑用电尖峰时段内的2 h。预评价可通过模拟分析方式确定，即在建筑电力交互设备支持下，可调节的用电负荷与设计用电负荷的比例，运行应根据过去一年能耗监测系统记录数据，统计最高日用电负荷，并分析其中已调节负荷部分的比例。

同时，上海市虚拟电厂的相关政策对调节量、响应速度提出了要求，对于已经采用了储能技术、建筑内设备设施智能调节技术的建筑，宜进一步考虑与虚拟电厂政策的协调性，从而提升柔性用电的经济效益和宏观减碳效益。

设置储能设施应进行技术经济性分析，投资回收期较长或无法收回投资的项目应考虑其他调节方式。此外，蓄冷、蓄热、蓄电设施的设计还应符合现行国家标准《建筑防火通用规范》GB 55037 的规定。

【评价方式】

1 预评价：查阅相关施工图纸及专项方案、用电峰值负荷调节分析报告等。

2 评价：查阅相关竣工图纸及专项方案、技术应用分析报告、实际调节能力的实测数据、用电峰值负荷调节比例计算书等，并现场核实。

9.2.6 本条适用于各类民用建筑的预评价和评价。

未设置景观水体的项目，本条不得分。

本标准第 7.2.15 条评分项是本条创新项的评价前提。

本条旨在鼓励将景观水体的设计与海绵城市理念相结合，充分发挥其调蓄雨水的功能，主要调蓄项目红线范围内景观水体周边的雨水。

景观水体面积不宜小于 100 m^2，原则上有效调节深度不小于 0.2 m，且调节容积应在 24 h～48 h 内排空。有条件情况下，景观水体的有效汇水范围宜达到其面积的 8 倍以上。景观水体内需设溢水口，超过调蓄能力的雨水排入市政管网中。

景观水体的水质保障应采用生态水处理技术，利用水生动、植物，调节水生态系统的结构，对水中污染物进行转移、转化及降解作用，从而保障室外景观水体水质。简单来说，就是模拟生态系统的结构，对食物链中的生物进行合理配置，从而使食物链中各个生物之间能相辅相成，使整个生态系统越来越稳定，最终达到净化水质的目的。一个完整的生态系统必须要有稳定的生产者、消费者、分解者，水生植物就是景观水体当中的生产者，水生动物就是景观水体当中的消费者，微生物就是分解者。

通过采用非硬质池底及生态驳岸，为水生动植物提供栖息条件，通过水生动植物对水体进行净化；必要时，可采取其他辅助手段对水体进行净化，保障水体水质安全。常见的景观水体生态水处理技术有生态过滤、人工湿地、生态浮岛、微生物生态强化修复等技术。

【评价方式】

1 预评价：查阅相关设计文件（含总平面图、竖向图、汇水分区图、室外给排水施工图、水景详图等）、水量平衡计算书、景观水体生态水处理专项技术方案及设计说明。

2 评价：查阅给排水、景观竣工图，水量平衡计算书，景观水体生态水处理专项技术方案及设计说明，景观水体水质检测报告，景观水体全年逐月补水用水计量运行记录（如有），并现场核实。

9.2.7 本条适用于各类民用建筑的预评价和评价。

近年来，上海市持续推动装配式建筑发展。根据上海市住房和城乡建设管理委员会《关于进一步明确装配式建筑实施范围和相关工作要求的通知》（沪建建材〔2019〕97号），要求2016年4月1日以后完成报建的新建建筑（除5种特殊情况外）单体预制率≥40%或单体装配率≥60%。

本条作为提高与创新项，对接了上海市对装配式建筑的高阶要求，具体设计标准化评分方法参照《上海市装配式建筑单体预制率和装配率计算细则》。

【评价方式】

1 预评价：查阅结构专业设计说明、平立剖图、构件详图、节点详图、大样图、装配式建筑相关设计说明、设计标准化计算书等设计文件。

2 评价：查阅预评价涉及的竣工文件、工程竣工质量报告、工程概况表、设计变更文件、设计标准化计算书等，并现场核实。

9.2.8 本条适用于各类民用建筑的预评价和评价。

本条根据设计建筑碳排放强度相对于基准建筑碳排放强度

的降低率进行得分评判，目的是降低建筑全寿命期对环境的影响。

基准建筑碳排放强度计算应符合国家和上海市现行相关建筑碳排放计算标准的相关规定，包括建材生产及运输阶段、建造及拆除阶段和运行阶段的碳排放。

第 1 款：预评价时，运行阶段碳排放主要根据设计图纸中各用能设备的选型进行评判。若项目全部采用电气化设备系统提供建筑用能，则可判定满足要求。

评价时，应根据建筑实际运行过程中是否产生化石燃料直接燃烧需求及化石燃料消耗量进行评判。若化石燃料消耗量为 0，则判定满足规定。

第 2 款：预评价时，应根据设计图纸对建筑全寿命期碳排放进行计算，并根据降碳比例进行得分判定。其中，基准建筑碳排放强度计算应符合现行国家标准《建筑碳排放计算标准》GB/T 51366 和上海市相关建筑碳排放核算标准的规定。

评价时，全寿命期碳排放强度应根据建筑采用的建材生产及运输阶段、建造及拆除阶段和运行阶段实际发生的碳排放进行统计核算，并与基准建筑碳排放强度进行对比确定分值。基准建筑碳排放计算过程中，运行阶段与能源相关的碳排放量计算应符合上海市相同类型建筑合理用能指南的规定，建材生产及运输阶段、建造和拆除阶段的碳排放量应采用预评价阶段的碳排放量计算结果。

【评价方式】

1 预评价：查阅相关设计文件、工程量概算清单、建筑碳排放分析报告、低碳建材碳足迹报告。

2 评价：查阅相关竣工图、工程量决算清单、建筑能源消耗清单、建筑碳排放分析报告、低碳建材碳足迹报告。

9.2.9 本条适用于各类民用建筑的预评价和评价。

绿容率是指场地内各类植被叶面积总量与场地面积的比值。

叶面积是生态学中研究植物群落、结构和功能的关键性指标，它与植物生物量、固碳释氧、调节环境等功能关系密切，较高的绿容率往往代表较好的生态效益。

为了合理提高绿容率，可优先保留场地原生树种和植被，合理配置叶面积指数较高的树种，提倡立体绿化，加强绿化养护，提高植被健康水平。绿化配置时，避免影响低层用户的日照和采光。

本条的绿容率的计算可采用如下简化计算公式：

$$绿容率=[\sum(乔木叶面积指数\times乔木投影面积\times乔木株数)+灌木占地面积\times3+草地占地面积\times1]/场地面积 \quad (5)$$

冠层稀疏类乔木叶面积指数按 2 取值，冠层密集类乔木叶面积指数按 4 取值，乔木投影面积按苗木表数据进行计算，场地内的立体绿化均可纳入计算。

除以上简化计算方法外，鼓励有条件地区采用当地建设主管部门认可的常用植物叶面积调研数据进行绿容率计算。也可提供以实际测量数据为依据的绿容率测量报告，测量时间可为全年叶面积较多的季节。

【评价方式】

1 预评价：查阅景观设计文件（绿化种植平面图、苗木表等）、绿容率计算书。

2 评价：查阅相关竣工图、绿容率计算书或植被叶面积测量报告、相关证明材料，并现场核实。

9.2.10 本条适用于各类民用建筑的预评价和评价。

建筑信息模型（BIM）是建筑业信息化的重要支撑技术。BIM 作为集成了建筑工程项目各种相关信息的工程数据模型，能使设计人员和工程人员能够对各种建筑信息做出正确的应对，实现数据共享并协同工作。BIM 技术在建筑工程全寿命期的信息管理和应用，可以极大地提升建筑工程信息化整体水平，有效地避免数据不通畅带来的重复性劳动，大大提高整个工程的质量和效率，并显著降低成本。

根据上海市工程建设规范《建筑信息模型技术应用统一标准》DG/TJ 08—2201—2023，BIM 技术应用阶段涵盖了规划、设计、施工和运维阶段。其中，规划阶段应用主要包括：①三维地质构造可视化；②地质体积测算；③预先风险性分析；④场地信息模拟；⑤物探数据三维可视化；⑥交通规划分析；⑦可视域分析；⑧汇水径流（淹没）分析；⑨高程分析；⑩坡度坡向分析；⑪日照阴影分析；⑫退界分析；⑬限高分析；⑭沉浸式仿真互动。设计阶段应用主要包括：①场地分析；②建筑性能模拟分析；③造型技术及参数化设计；④设计选项比选；⑤虚拟仿真漫游；⑥周边环境的建模；⑦明细表统计；⑧辅助算量分析；⑨性能化分析；⑩设计冲突检查；⑪人防平战转换布置；⑫三维管线综合及净空优化；⑬工程量统计；⑭预留预埋设计；⑮大型设备运输路径检查；⑯多专业整合与优化。施工阶段应用主要包括：①各专业深化设计；②施工组织和计划；③施工方案；④算量与造价；⑤施工交底；⑥质量管理；⑦成本管理；⑧进度管理；⑨安全管理；⑩物资管理；⑪资料管理；⑫智慧工地管理；⑬竣工模型创建；⑭竣工预验收。运维阶段应用主要包括：①空间管理；②资产管理；③应急管理；④维保管理；⑤能耗管理；⑥监测管理。评价时，规划设计阶段和运营维护阶段 BIM 分别至少应涉及 2 项重点内容应用，施工阶段 BIM 至少应涉及 3 项重点内容应用，方可得分。

一个项目不同阶段因满足不同应用需求将产生不同 BIM 模型，数据资源共享问题亟须解决。因此，当在 2 个及以上阶段应用 BIM 时，应参考上海市工程建设规范《建筑信息模型数据交换标准》DG/TJ 08—2443—2023 相关规定，保障 BIM 数据在规划设计、施工建造和运行维护跨阶段传递和共享，否则不认为在 2 个阶段或 3 个阶段（跨阶段）应用了 BIM 技术。

评价时，应重点关注以下内容：①满足国家和本市 BIM 技术应用有关的政策文件和标准；②BIM 应用方案；③BIM 应用在不同阶段，不同工作内容之间的信息传递和协同共享。

【评价方式】

1 预评价：查阅相关设计文件、数字化技术应用报告、数字化平台运行情况。

2 评价：查阅相关竣工图、数字化技术应用报告及运维记录、数字化平台用户手册，检查数字化平台应用情况，并现场核实。

9.2.11 本条适用于各类民用建筑的评价。

绿色施工是指在保证质量、安全等基本要求的前提下，以人为本，因地制宜，通过科学管理和技术进步，最大限度地节约资源，减少对环境负面影响的施工活动。

第 1 款：本条根据项目获得的建设工程绿色施工水平作为划分依据。为推动本市工程建设行业绿色施工评价体系，推广绿色化、信息化、集约化、产业化建造方式，实现工程建设全过程绿色建造，上海市对建设工程绿色施工水平划分为Ⅰ类和Ⅱ类工地，经企业自愿申报后绿色施工评价工作组现场检查评价。

第 2 款：单位工程单位面积用电量满足在单位面积用电定额基础上节约 10％。

第 3 款：建筑垃圾回收率可按以下方法计算：

$$\text{建筑垃圾回收率}=(\text{建筑垃圾回收用量}\div\text{建筑垃圾产生总量})\times 100\% \tag{6}$$

【评价方式】

1 预评价：本条不得分。

2 评价：查阅项目绿色施工方案、施工过程影像资料、绿色施工水平、施工总用电量记录、垃圾回收利用率计算说明等证明材料。

9.2.12 本条适用于各类民用建筑的预评价和评价。

近年来，本市积极响应国家关于推进建筑工业化、数字化、绿色化转型升级要求，持续推进建造方式变革，将推动智能建造与建筑工业化协同发展，作为建筑业转型升级、催生新质生产力的重要举措。2023 年，上海市住房和城乡建设管理委发布了《关于推动上海市智能建造与建筑工业化协同发展的实施方案》（沪建建材联〔2023〕632 号）。

2024 年，上海市住房和城乡建设管理委发布了《上海市智能建造试点项目管理规定（暂行）》（沪建建材〔2024〕254 号），从勘察设计、施工、制造到运行维护、全生命周期 18 类智能建造应用场景、59 项关键技术进行了界定，明确了上海智能建造试点的方向和技术路径。

智能建造试点项目的规模应达到建筑面积 1 万 m^2 以上，且项目的评估评价范围应覆盖申报项目中的所有建筑单体。仅在个别单体中落实智能建造技术要求的项目，原则上不列入智能建造试点项目范围。

【评价方式】

1 预评价：查阅智能建造试点项目专项技术实施方案及论证记录、管理部门出具的智能建造试点项目认定意见等。

2 评价：查阅智能建造专项技术实施方案、过程实施记录、管理部门出具的智能建造试点项目审核意见等。

9.2.13 本条适用于各类民用建筑的预评价和评价。

建设工程质量潜在缺陷保险（Inherent Defect Insurance, IDI），是指由建设单位（开发商）投保的，在保险合同约定的保险范围和保险期限内出现的，由于工程质量潜在缺陷所造成的投保工程的损坏，保险公司承担赔偿保险金责任的保险。它由建设单位（开发商）投保并支付保费，保险公司为建设单位或最终的业主提供因房屋缺陷导致损失时的赔偿保障。建设工程保险在国际上已经是一种较为成熟的制度，比如法国的潜在缺陷保险（IDI）制度、日本的住宅性能保证制度等。

建设工程质量潜在缺陷保险是一套系统性工程，首先通过建立统一的工程质量潜在缺陷保险信息平台，将企业的诚信档案、承保信息、风险管理信息和理赔信息等录入，通过以上信息进行费率浮动，促使参建各方主动提高工程质量。同时，独立于建设单位和保险公司的第三方质量风险控制机构，从方案设计阶段介入，对勘察、设计、施工和竣工验收阶段全过程进行技术风险检查，提前识别风险，公平公正的监督工程质量，有效地降低质量风险。

建设工程质量潜在缺陷保险一般承保工程竣工验收之日起一定年限（主体结构一般为 10 年，防水保温一般为 5 年，其他一般为 2 年）之内因主体结构或装修设备构件存在缺陷发生工程质量事故而给消费者造成的损失，通过保险产品公司约束开发商必须对建筑质量提供一定年限的长期保证，当建筑工程出现了保证书中列明的质量问题时，通过保险机制保证消费者的权益。通过推行建设工程质量保险制度，提高建设工程质量的把控力度。

工程质量潜在缺陷责任保险的基本保险范围包括地基基础工程、主体结构工程、防水工程以及保温工程，对应本条第 1 款得分要求。根据既有调研数据，第 1 款保险范围也是最容易出现工程质量潜在缺陷的地方。除基本保险外，建设单位还可以投保附加险，其保险范围包括：建筑装饰装修工程、建筑给水排水及供暖工程、通风与空调工程、建筑电气工程等，对应本条第 2 款得分要求。

第 3 款：作为绿色金融的重要组成部分，绿色建筑性能保险是建筑绿色低碳发展进程中进行风险管理的一项重要手段。绿色建筑性能保险为绿色建筑达到预期星级提供风险保障，即在项目竣工后，如果建筑项目未达到预期绿色建筑星级或出现偏差，则按保险合同约定，保险公司将提供绿色改造补偿，以确保项目最终达到预期星级标准。目前市场已具有绿色建筑性能保险产品，但其整体上仍处于起步阶段。本条通过绿色建筑保险机制，以市场化手段保证绿色建筑实现预期的星级标准和绿色性能。

【评价方式】

1 预评价:查阅保险产品投保计划。

2 评价:查阅保险产品保单,核查其约定条件和实施情况。

9.2.14 本条适用于各类民用建筑的预评价和评价。

绿色建筑的创新没有定式,凡是符合建筑行业绿色发展方向、绿色建筑定义理念,且未在本条之前任何条款得分的任何新技术、新产品、新应用、新理念,都可在本条申请得分。为了鼓励绿色建筑百家争鸣、百花齐放,本条允许同时申请6项创新。

项目的创新点应较大的超过相应指标的要求,或达到合理指标但具备显著降低成本或提高工效等优点。举例而言,场地雨水通过入渗、滞蓄、回用等低影响开发措施,实现雨水零排放;建筑污废水通过梯级利用、生态处理、再生利用、就地消纳等,实现污水零排放;项目通过结构体系及结构构件的优化,达到了明显的节材效果;项目使用具有抑菌性能的新型材料、项目使用了物联网、5G等新技术新产品,考虑应用人工智能技术提升建筑服务水平;项目按照直流建筑设计及建造、全年有稳定的生活热水需求的建筑采用冷凝热回收系统;对于季节性用电负荷大的设备,有针对性地采用季节性负荷专用变压器;采用水环热泵等有热回收功能的空调系统;采用蓄能装置且提供的冷量不低于设计日空调冷量的30%;鼓励施工过程采用智能建造等绿色高效的创新技术,提高施工质量和效率。采用全空气空调系统,在特殊情况下能切换成全新风模式下运行,并设相应的排风系统,新风应直接从室外清洁之处引入并直接接入空调机组。

申报项目提交的分析论证报告应包括以下内容:①创新内容及创新程度(例如超越现有技术的程度,在关键技术、技术集成和系统管理方面取得重大突破或集成创新的程度);②应用规模、难易复杂程度及技术先进性(应有对国内外现状的综述与对比);③经济、社会、环境效益,发展前景与推广价值(如对推动行业技术进步、引导绿色建筑发展的作用)。对于投入使用的项目,尚应补充创新应用实际情况及效果。

【评价方式】

1 预评价:查阅相关设计文件、分析论证报告及相关证明材料。

2 评价:查阅相关设计文件、分析论证报告及相关证明材料。